日式花束

图解构思与制作

[日] FLORIST编辑部 编
杨晓诗 译

中国林業出版社
China Forestry Publishing House

前言

花束看似简单，

实际蕴含丰富。

需要很娴熟的技术和能力。

制作花束的技术达到一定程度，

会给创作者增添许多乐趣。

因花束的制作是握在手中，

所以手感格外重要。

因此，有人说，进步的捷径只能是熟能生巧。

本书是献给那些热爱花束、

想要学习技法的花艺师的灵感书。

在介绍基本的花束构思和技巧之外，

还收录了以鲜花、干花、仿真花、永生花等

作为素材的各种设计实例。

如能够为各位在花束制作中带来新的灵感，

是我们的荣幸。

目录

Chapter 1

花束制作的构思

我们制作花束时，
应当怎样来构思呢？
除了技巧，
更应当围绕以下几个要素来
进行创作。

构思时的6要素

01 FACTOR 用途

首先，我们应当从花束的用途进行思考。确定好花束的应用范围后，就能够更加准确地总结出使用花材的种类、大小、形状和色系等。

以下是花束的一般用途。当确认好花束是作为礼物或商品等大方向后，我们需要总结出更细致的用途。

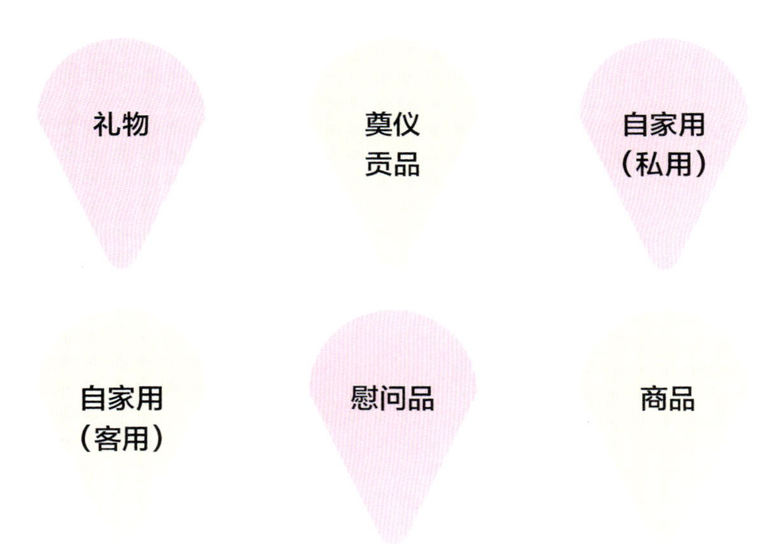

礼物是花束最常见的用途；奠仪和贡品因为自身的特殊性可以通过“颜色”或“氛围”来界定制作范围；而探望病人时，花束作为慰问品要避免应用香气浓郁、花粉纷飞的花材。在禁止带入鲜花的病房里，也可以使用仿真花。

02 FACTOR 赠送的对象及场合

如作为礼物或商品，深入了解赠送的对象和顾客是很重要的。作为礼物，要明确送给谁，在什么样的场合送等。如果作为商品，要明确目标客户群。首先要了解对方的特征，在弄清性别和年龄后对花束的构思也会变得更加简单。如果是商品的话，则需要先明确价格范围。以下是明确对方特征后，深入分析的案例。

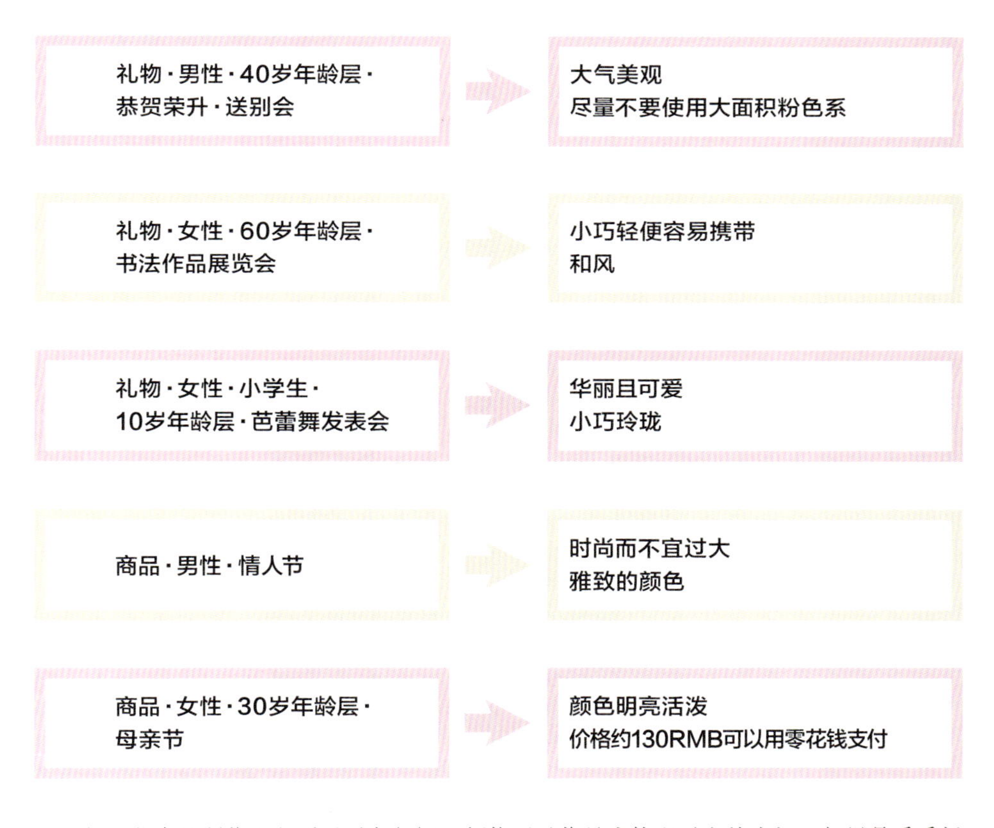

如果花束的制作人与赠送对象相识，便能通过作品来体现对方的喜好；如果是受委托制作，可以通过客户的特征来规划花束的样式。明确了对方的职业、喜欢的颜色、花的种类、服装、音乐、室内装饰等，就能以此为基础进行搭配。如果用于发表会或送别会，则不仅要考虑赠送的对象，还要能够让在场的第三方也觉得满意。作为商品时，最重要的是把购买者、赠送对象，以及各自心中的期望以花束的形态具像化。

03 FACTOR 装饰的花器

制作花束构思的第三个要素是用于装饰的容器。花束与花篮、花环等花艺有一个很大的不同，必须使用花瓶等可以盛放水的装饰容器。当花器确定后，就要考虑怎样设计才能使花束在放进花器时的状态也会美观。本书便是以此为原则，选择了许多配合花器的装饰花束。

04 FACTOR 装饰的时间

装饰的时效性也是我们必须要考虑的。鲜花花束最长能保持一周左右，若想装饰得更长久，可以考虑使用仿真花、干花、永生花等。如果是商用，那么向委托人确认使用哪种材料就非常重要。

05 FACTOR 装饰的环境条件

装饰场所也是一个需要确认的重要因素。虽然选择礼物是件困难的事，但如果能确认好所需要装饰的环境，例如空调、天花板高度，空间面积、照明的颜色以及强度等，就能选出对应的花材种类和色系了。

空调　　**天花板高度**　　**空间面积**

花台　　**照明**

空调开得很强的地方，柔嫩的草花等鲜切花会难以保鲜，无法装饰很久。另外，如果是在夏日，而装饰场地没有空调的话，也可以用干花和仿真花等素材作为候选；如果天花板很高，就可以制作一些有高度的花束；如果空间宽阔，便可以制作一些即使远观也能有一定辨识度的大型花束。重要的是我们能够根据场所确定花束的整体构思，用合适的形状、颜色、花材等要素表现出最佳效果。

06 FACTOR 成本预算

在花束制作中，成本是一个很重要的因素。特别是作为商品时，把制作成本控制在预算内是很重要的，花束的很多要素都要靠预算来决定。使用的材料不同，花费的成本也会随之变化。我们通过下列两个花束来比较一下预算的重要性。

这两束花大小相似。我们来看使用的花材：左边以非洲菊为主花，使用了天蓝尖瓣木、石竹以及一些叶材；右边则使用了马蹄莲、花毛茛、郁金香、兰花等多种花材，花材的成本较高。可以看出，即使花束大小相同，因为使用的花材不同，成本也会发生很大的变化。鲜花的价格根据品种、季节、尺寸都会有所变化，所以构思花束时，需要将想使用的花材与预算对照进行考量。一般来说，永生花、干花、仿真花几乎都要比鲜花成本高。让我们以此作为参考来选择使用的材料吧。

花束设计过程

参考以上要素，以实例进一步介绍制作花束的构思过程。

Case

01

自然清爽的花束

Flowers & Green

虎眼万年青（大眼雀梅）、绵毛水苏、细叶海桐花

FACTOR 01	用途	➪	礼物
FACTOR 02	赠送对象及场合	➪	为30岁左右时尚女性的生日宴会所准备
FACTOR 03	装饰器物	➪	不详
FACTOR 04	装饰时间	➪	3天至一周
FACTOR 05	装饰环境	➪	私人住宅
FACTOR 06	成本预算	➪	花店价格约300RMB*

*本书日元汇率参考

1日元=0.065人民币，并取整数

材料

确认预算成本后，选择了鲜花。

颜色、氛围

因为赠送的对象是朋友，所以选择了符合她喜好的天然色系以及雅致风格。为了更加突出精干的气质，选择了白色以及香槟果绿色。

大小

因为不清楚装饰的花器尺寸，为了能够在装饰时更好地削剪茎秆，对长度进行调整，花束制作时可以将花茎稍微留长一些。

设计

为了表现自然感，虽然采用了简洁的半球形，但并没有制作成特别规矩的圆球。将虎眼万年青弯曲的穗尖露出，设计出天然但具有灵动感的花束。主要花材虽有两种，但没有混杂，而是通过组合来强调出各自的颜色和质感。

从材料和角度入手

根据制作花束的不同，材料和样式也会不同。

决定好材料和样式之后，也可以根据上述6要素来进行设计。

Case

02

鸡冠花秋意图

Flowers & Green

鸡冠花、杂交香鸢尾

FACTOR 01	用途	➪	礼物
FACTOR 02	赠送对象及场合	➪	秋日自家房间的桌子
FACTOR 03	装饰物	➪	矮脚的圆形花器
FACTOR 04	装饰时间	➪	3天到一周
FACTOR 05	装饰环境	➪	私宅客厅桌子的一角
FACTOR 06	成本预算	➪	花店价格约450RMB

材料

因为购入了新色的鸡冠花，所以想将此花材作为主花。

颜色

使用了朱红、粉红、橙色的鸡冠花，营造出秋天温暖的氛围。

大小

因为是摆放在自家桌子上，所以尺寸不能过高过大。

设计

以代表秋天的鸡冠花为主花材，再加上摇曳的香鸢尾，组合出具有跃动感的花束。与容器相呼应将花束设计为圆弧型，这里的圆形使用了香鸢尾的叶子来制作，既节省了成本，又发挥了花材的独特性。

正如以上实例，当预先确定好材料时，可以从材料出发扩展创作。通过已确定的材料，制作需要表达的作品样式。在结合上述6要素的基础上，把自己的想法和愿望融入到作品当中去。

花束的设计图

通过以上的介绍，在构思花束时，可以从6要素出发确定花束的材料、颜色、形状等，逐渐在脑海中想象出花束的轮廓。之后，让我们试着将脑海中的花束描绘在设计图上。再通过实践，将设计具像化，把想象中的图像更加清晰地表现出来。

设计图的必要性

为什么要画设计图？原因有两点。第一是为了明确要使用的材料，避免浪费。第二是为了明确构思中的设计，更加客观地审视花束整体的平衡性，将脑海中的思绪更好整理。当对几个构思的选择犹豫不决时，也可以通过比较候选的设计图来确定最终设计。不管是制作展示用花或活动用花，抑或是制作礼物用花等，都可以通过事先给客人展示设计图来减少需求差异，从而更好地完成作品。

设计图的样式

这幅设计图使用了彩色铅笔，当然黑白稿也无可厚非。设计图是花卉设计的构思图。在使用鲜花的实际场合中，因为花材个体存在差异，通常来说不能成为最终的花艺设计效果图。不过，我们可以参考右边设计图的要点来进行绘制，这样能更好地把自己的想象整理出来并落实在纸面上。

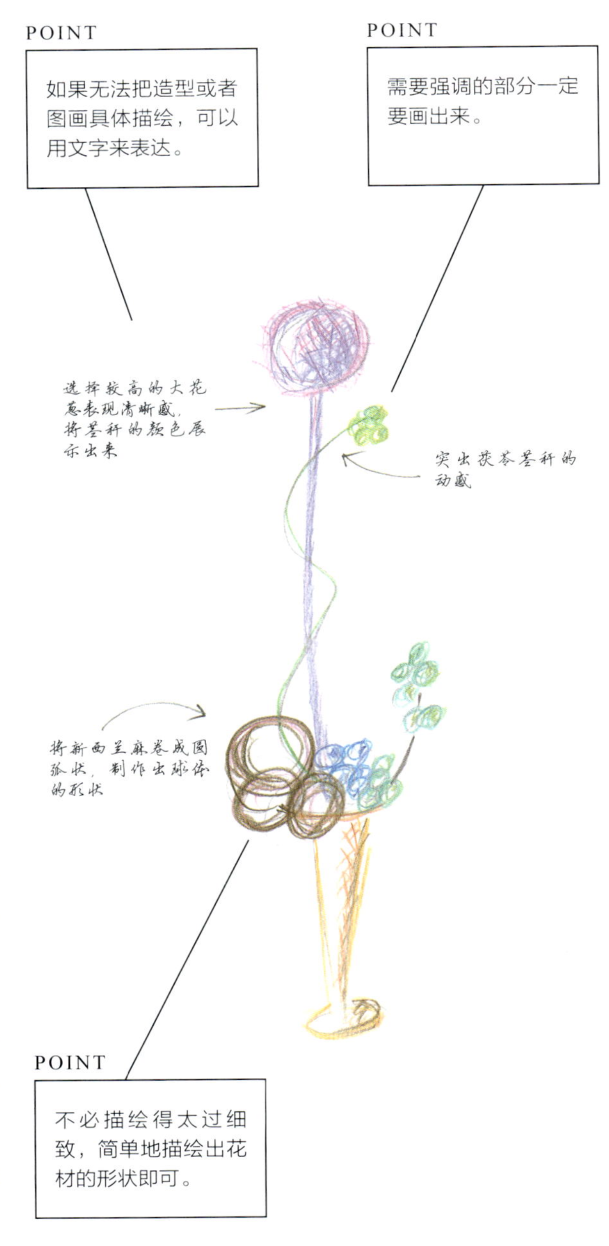

Chapter 2

基本花束的制作

“花束”正如它的字面意思，
是由花朵组合而成的，
但也有很多能将花束制作得更加
美观的技巧。
本章将为大家介绍基本花束的5种形状，
以及预先需要做的准备工作
和包装等知识。

花束制作的准备

无论什么形状的花束，准备工作很多都是相同的。比如去除花束上多余的叶子和枝条，预先修剪好需要的长度。

从需要捆绑的位置向下除去多余的枝叶，这样制作的过程就会变得更加简便。同时，花束一般是要放在花瓶里，叶子在水中容易腐烂，可能会产生大量细菌，不利于长时间的观赏。还要注意的是一些特殊的花材，比如玫瑰带有细刺，操作不当可能会引起受伤，所以一定要用剪刀或小刀来修剪。

Case

01 圆形花束

圆形花束的特征是，花朵各自向四周延展。制作过程中需要不断增加花的用量，并且使花头高度保持一致，从而变成一个半球状花束。这种一边注意着花的方向，一边倾斜组合茎秆的方式，称为螺旋型制作技法。

Flowers & Green

玫瑰

①首先用手直直地拿着花束中心那一支玫瑰的茎秆，握在茎下15~20cm左右的位置。在做小花束的时候，需要将花朵事先准备并修剪好。

②在放进第二支花时，先伸开握着①的大拇指和食指，然后放在手指间，并且与第一支花交叉。

③把在②中的大拇指和食指放回原处，轻轻握住两朵花。要注意不能握得太紧，否则容易损伤花茎。

④按照②~③的方法依次重复添加花朵。如照片所示握住5朵花，并注意要保持花朵倾斜着组合起来的构架方式。

⑤
再依次按照顺序一支支地加5朵花进去。

⑥
花束要做到从后面观察时，看到的每一朵玫瑰花茎都是倾斜状。

⑦
如果花的高度还参差不齐，需要保持手握住的状态，并调整花材的高度。还要注意的是在花束的制作过程中，即使高度一致，也有可能在完成前散开，所以需要在放入全部花材之后再进行调整。为了使花头部分的轮廓保持优美的弧线，在花束手握住的位置需要用拉菲草等绳子进行捆扎固定。最后告诉大家，如果能把花茎部分组合成漂亮的螺旋状，花束是可以平稳摆放的。

Case

02 单面花束

这是一种有背面的单面型花束，通常被用在发表会或舞台等正式场合，并且多用来赠送给嘉宾。当然贡品或奠仪也有很多这样的花束。花束茎秆部分的组合方式与圆形花束是一样的。

Flowers & Green

玫瑰

①

首先用手直直地拿着花束中心那一支花的茎秆。大约握在距离下端15~20cm左右的位置。

②

这时我们张开握着的大拇指和食指，将第二支花放到展开的手指之间，让玫瑰茎秆交叉。

③

成功一次后第3支也同样放进去。到目前为止是和圆球形花束教程完全相同的步骤。

④

再将第4支放进大拇指和食指之间，这里要注意把高度放低一级。第5支也同样，全部使之交叉放入花束。

⑤

而第6~8支在比③还要更低一级的位置。

⑥

第9支、10支要在比⑤更低的位置，两支花的高度要对齐，并且所有的花都要面向正面。然后把用手握住的部分用拉菲草等绳子系结，茎秆剪齐后作品就完成了。

Case

03 并列花束

下面我们就来介绍一种不需要花茎交叉来制作花束的方法。前期训练使用茎秆比较粗的马蹄莲或者孤挺花等进行制作，比较容易掌握其中的技巧。

Flowers & Green

马蹄莲、山菅

① 首先我们用手握住马蹄莲中心的茎秆。握点是从下端起15 cm的位置。

② 从①的位置上拿开握着的大拇指，再把第二支马蹄莲放到与第一支马蹄莲茎秆相邻的地方。最后在两支马蹄莲重合处，再放上第三支马蹄莲。

③ 调整花的方向。同时马蹄莲的茎秆部分可以进行矫正，方法是用拇指和食指捏住茎秆，再用拇指用力抚摸茎秆，使其产生弯曲。

④ 最后一步在马蹄莲的周围叠加山菅。山菅的根部保持笔直，沿着马蹄莲来修整形状后，将两部分捆扎完毕后，作品就算完成了。

Case

04 自然风花束

自然风花束是从圆形花束中派生出来的花型。与圆形花束相同的是，花向四周蔓延伸展。不同点在于，它不像圆形花束那样会形成一个漂亮的弧形，而是在花束中表现了花艺造型的设计理念，突出每朵花的个性特点。

Flowers & Green

向日葵（2种）、木百合、朱蕉、山菅

①

预先将花材修剪成需要使用的长度。然后手握一支向日葵作为花束中心来定点。

②

为了与①中的花制造交叉，我们先放开握花的大拇指和食指，然后将木百合、向日葵交替插入花束中。

③

将柠檬色的向日葵逐步插入②花束做出高低错落的感觉。在紧邻手握部分的上方缠绕上已经弯曲好的圆球形朱蕉叶，然后在向日葵的周围插入山菅和没有缠绕的朱蕉叶。要注意放入叶片时，必须让茎秆交叉，将全部花材插好后进行捆扎完成作品。

Case

05 瀑布型花束

Flowers & Green

玫瑰、马蹄莲、景天、尤加利、山菅

这个花型来自于英文的Cascade，意为“流动的瀑布”，特指单方向如流水般伸展的花束。这个花型在婚礼花束中非常受欢迎。最好将它装饰在高挑的容器内，能够更加体现流动感。制作花束时，先用圆球形花束的手法制作中心部分，然后增添流动的部分。

首先要用圆球形的手法制作中心部分。以玫瑰为中心，再配以景天、尤加利叶做出一个圆球形花束。

将较长的尤加利叶从花束下侧开始叠加，使其与①外侧的尤加利叶自然连接，花茎与①的花茎交叉重叠。

在②的尤加利叶的基础上添加了长短不一的两支马蹄莲。和尤加利一样，茎秆部分需要重叠交叉，最后将茎秆部分捆扎在一起来完成整个花束的制作。要说明的是，这里具有流动感的花材使用得比较少，若想强调这种感觉，可以增加这类花材的用量。另外，如果需要强调垂下的部分，可以选用藤蔓类的素材。

Case

06 基础包装手法

当花束作为礼物时，必须进行包装。这里，我们介绍1～2种装饰纸的包装手法，并用黄麻无纺布作为收尾的装饰。当然我们也可以使用OPP塑料纸、手工纸等代替这里所用的原材料。

Flowers & Green

靓香豌豆花、澳洲金合欢、山菅、朱蕉

①

将两种包装纸重叠展开，将已经做过保水处理的花束放置在中心，花束下端留出10cm左右。接着双手拿着包装纸下侧，折叠包装纸覆盖花束的保水部分。

②

将①折叠的包装纸部分用双手分别拿起，向花束的中心集合。这个步骤使包装纸产生重叠的褶皱。将最后重合部分用订书机或胶带进行固定。

③

将比包装纸略短的黄麻无纺布展开，将花束放在上面。左侧部分向上包裹花束。最后的捆绑部分，我们需要用订书机钉住黄麻无纺布，再把订书机钉住的部分用拉菲草系紧就可以了。

关于保水处理

在包装花束之前，需要进行保水处理。将修剪过的茎秆部分包上用水浸泡过的厨房用纸或保水用啫喱即可。如果用厨房纸包裹茎秆，则还需要用铝箔纸或者塑料袋包裹，使之不漏水。如果是保水啫喱，则需要使用专用纸袋或塑料袋进行包装。

捆扎的方法

不管什么形状的花束，捆绑都是必不可少的步骤。
这里我们介绍使用拉菲草进行捆扎的方法。

首先我们握住花束，用另一只手准备一个草绳（结），在前端做出圈状。要注意的是，在使用拉菲草进行捆扎时，要事先用水浸湿后再使用。

再用握着花束的大拇指夹住用①做出来圆圈。

接着用另一只手拿着拉菲草预留的较长的部分，在茎秆周围绕一周。圆圈部分缠绕在花茎根部。

用拉菲草将茎缠绕4~5周左右，这里不能放松，需要捆得非常紧实。如果遇到花量大或者茎秆特别粗的情况，则更加需要多捆几道。

捆完后用剩余部分做成圈，穿过最开始制作的圆圈内。

把最初所做的环扣前端的绳子往下拉。

通过收紧第一个环扣，后来的圈也固定收紧，这样整个花束就算捆扎完成了。最后将绳子多余的长度剪掉。

Chapter 3

鲜花花束的制作

使用新鲜的鲜花做花束时，
根据季节、颜色、质感、组合形式的不同，
样式也不同。
下面为大家介绍在不同场景中用于赠送的装饰性花束的制作方法。

经典花束

可用于生日宴会、送别会、毕业典礼、随意的伴手礼，或是想给自己的住宅增添一些色彩的花束。鲜花可以在很多场景中为大家带来欢乐，下面就给大家介绍可以应对任何场合的鲜花花束。

work

01

春天郁金香花束

Flowers & Green
郁金香

FACTOR 01 用途	礼物
FACTOR 02 赠送对象及场合	毕业典礼
FACTOR 03 装饰器物	不详
FACTOR 04 装饰时间	5天至一周
FACTOR 05 装饰环境	私人住宅
FACTOR 06 成本预算	花店价格约300RMB

这里只用了一种郁金香进行制作。我们会着重介绍怎样使叶子看上去更有生气，花朵更加挺立可爱。由于运用了并列的制作方法，所以初学者也可以轻松掌握。

①

首先选取有着短而小巧漂亮叶子的郁金香。

②

再用剪刀把下方的叶子剪掉。

③

像照片一样，将郁金香的叶子分离整理好。

④

把剪下的郁金香和叶子沿着茎秆部分重新组合起来。

⑤

如图④将两组整理好的郁金香相邻排列在一起。

⑥

剩下的郁金香沿⑤的花束左右横向组合出整个花束。

⑦

花全部插入之后，再根据整体形状进行整理，把剩下的叶子放在比较空的地方。最后修整形状，把握住的部分扎起来后，整个作品就完成了。

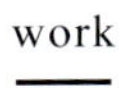

02

非对称的春天花束

FACTOR 01 用途	礼物
FACTOR 02 赠送对象及场合	祝贺
FACTOR 03 装饰器物	大型花瓶
FACTOR 04 装饰时间	5天至一周
FACTOR 05 装饰环境	餐饮店
FACTOR 06 成本预算	花店价格约450RMB

Flowers & Green

马蹄莲‘婚礼进行曲’、木茼蒿、银叶金合欢、一叶兰

这是一束用于餐厅庆祝宴席上的装饰性花束，虽然是一个非常质朴的组合，但是整体设计从右向左流淌着不对称的美。花束插在大花瓶里的时候，为了不使底部过于单调，特意添加了银叶金合欢使得色彩更加丰富。作品运用了并列花束的制作手法。

①

用之前介绍过的揉搓手法，用手指均匀用力使马蹄莲的茎秆弯曲形成曲线。

②

如①的马蹄莲一样，制成5支，茎秆部分笔直地重叠在一起。

③

沿着②右侧部分的马蹄莲茎秆，把银叶金合欢叠加上去，再把手上的银叶金合欢握好，并调整它的高度。

④

在③的周边将木茼蒿叠加，花的高度要比银叶金合欢稍高一些。再将数支木茼蒿填充在花束后侧。

⑤

把一叶兰自花束右侧的前后插入。先将前面的一叶兰折成两折，再将两片一叶兰重叠其上。

⑥

最后把手握住的部分和根茎部分的两处分别捆住就完成了。

work

03

特别的师恩赠礼

FACTOR 01 用途	礼物
FACTOR 02 赠送对象及场合	毕业典礼献给老师
FACTOR 03 装饰器物	不详
FACTOR 04 装饰时间	3天至一周
FACTOR 05 装饰环境	私宅
FACTOR 06 成本预算	花店价格约450RMB

这是全班同学送给退休教师的礼物。为了与恩师的特质相符，专门订购了有着独特颜色的花材做搭配。学生们希望通过赠送令人印象深刻的花束，表达对老师的感谢以及希望能被老师记在心间的愿望。这里也选用了花语为“持续”“恒久”的山茱萸。

Flowers & Green

香豌豆（3种）、阳光百合、玫瑰、花毛茛、山茱萸、一叶兰、山菅

送给时尚男性

FACTOR	
FACTOR 01 用途	礼物
FACTOR 02 赠送对象及场合	给男性的
FACTOR 03 装饰器物	不详
FACTOR 04 装饰时间	5天至一周
FACTOR 05 装饰环境	私宅
FACTOR 06 成本预算	花店价格约500RMB

作为送给男性的礼物，这里使用了形态和品种都比较独特的花材。因为运用了黑绿交织的配色方式，营造出了相对平和的氛围。黑酸浆枝条的硬朗和叶材的伸张，使整个作品显得更加挺括。

Flowers & Green

洋蓟、黑酸浆、朱蕉、黑日本稷、鸟巢蕨

work

04
黑绿色新时尚

work

05

优雅红

Flowers & Green

非洲菊、大丽花（2种）、大戟、尤加利、山毛榉、石榴秋叶飘落的时候，我们举办了家庭派对。这是来自客友送来的花束，并以石榴和洋梨作为装饰。

FACTOR 01 用途	礼物
FACTOR 02 赠送对象及场合	家庭派对
FACTOR 03 装饰器物	不详
FACTOR 04 装饰时间	4天至一周
FACTOR 05 装饰环境	私宅
FACTOR 06 成本预算	花店价格约1000RMB

这是去朋友家里参加派对时携带的礼物。因为想要烘托出秋季落叶的氛围，所以以红色的花朵为中心，同时加入了淡粉色的大丽花和水果等多重色调，是一件充满季节感的作品。方格花纹的缎带也选用了秋季色，而搭配的石榴既可作装饰也可以作为甜点。

FACTOR 01 用途	自家用
FACTOR 02 赠送对象及场合	无
FACTOR 03 装饰器物	大陶器
FACTOR 04 装饰时间	5天至一周
FACTOR 05 装饰环境	私宅
FACTOR 06 成本预算	花店价格约400RMB

这是一个以野草为中心，散发着夏日气息的并列花束。花束把宽叶香蒲的长穗以及小米穗子等组合在了一起，让人即使在酷暑中也能感受到清风的凉意，表达出内心深处对夏日的回忆。淡蓝的蓝星花在作品中起到了反差色的作用。

Flowers & Green

花烛、宽叶香蒲、莲蓬、小米穗、地榆、蓝星花、新西兰麻

work

06

夏之回忆

work

07

秋日卡萨布兰卡

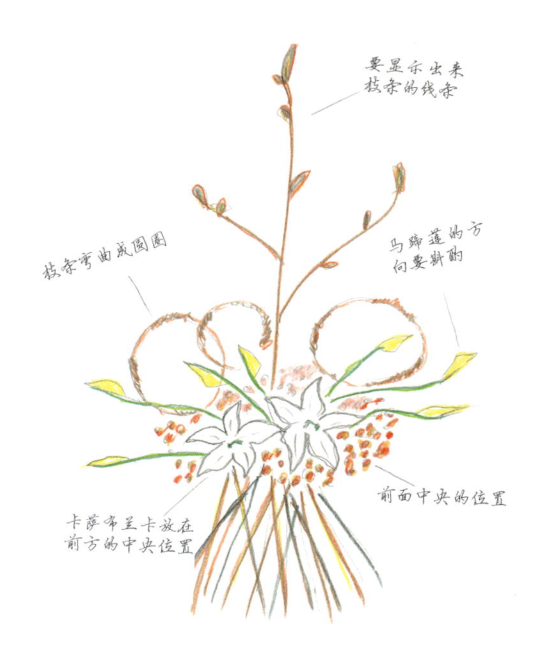

FACTOR	
FACTOR 01 用途	自家用
FACTOR 02 赠送对象及场合	家庭派对
FACTOR 03 装饰器物	大花器
FACTOR 04 装饰时间	5天至一周
FACTOR 05 装饰环境	私宅
FACTOR 06 成本预算	花店价格约650RMB

这是一束有着线条感并且以具有优雅香气、非常点睛的百合‘卡萨布兰卡’为主角的圆形花束。秋日的漫漫长夜里，朋友们聚集家中，以这束花作为装饰品，一起度过休闲时光。以马蹄莲、红叶金丝桃的线条感很好地演绎出了秋季里丰富多彩的自然之美。

Flowers & Green

百合‘卡萨布兰卡’、洋桔梗、西澳蜡花、
马蹄莲、红叶金丝桃

work

08

开拓广阔新天地

Flowers & Green

贝壳花、杜鹃‘田无’、马蹄莲、
宿根香豌豆、蓝花葱、斑叶玉竹（鸣子百合）

这是在送别会上为即将开拓新天地的同事所做的花束。以多种色彩的重叠来突显朋友的个性，也希望他能像挺拔伸展的贝壳花一样坚强地努力奋斗下去。

FACTOR 01 用途	礼物
FACTOR 02 赠送对象及场合	送别会
FACTOR 03 装饰器物	玻璃花瓶
FACTOR 04 装饰时间	5天至一周
FACTOR 05 装饰环境	私宅
FACTOR 06 成本预算	花店价格约250RMB

FACTOR 01 用途	礼物
FACTOR 02 赠送对象及场合	生日
FACTOR 03 装饰器物	不详
FACTOR 04 装饰时间	5天至一周
FACTOR 05 装饰环境	私宅
FACTOR 06 成本预算	花店价格约250RMB

Flowers & Green

玫瑰、龟背竹、朱蕉、圆锥石头花（满天星）、
二色补血草（勿忘我）、麦冬

这是一束送给6月出生的朋友的花束，洋溢着温馨氛围。制作花束时，选用了与可爱的朋友相配的粉色，然后用6月这个季节特有的清爽绿色搭配。将龟背竹叶子的一部分卷成圆弧，用订书机固定。

work

09

初夏的生日

work

10

花园派对的演出

这是一束用来装饰花园派对，色彩鲜艳的自然花束。作品为了在带走的时候不用过度包装，且能靠在肘边，需要把茎秆部留得干净修长一些。这样的花束只是看着都会让人感受到快乐，出现在派对中，便是一场华丽的表演。

FACTOR 01 用途	礼物
FACTOR 02 赠送对象及场合	花园派对
FACTOR 03 装饰器物	玻璃花瓶
FACTOR 04 装饰时间	1天到两天
FACTOR 05 装饰环境	屋外
FACTOR 06 成本预算	花店价格约300RMB

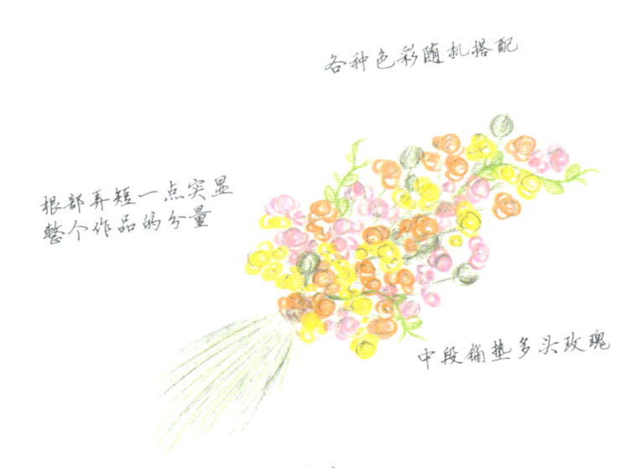

Flowers & Green

玫瑰'流星''晴天''普利西亚'等、
兔尾草、百部、文竹

work

11 心怀喜悦

给朋友女儿结婚的祝福花束。大量使用了绿色的迷你玫瑰，可爱华丽。考虑到是用在朋友家的窗边装饰，特意制作成经阳光照射后。会更加漂亮的颜色和造型。

FACTOR 01 用途	礼物
FACTOR 02 赠送对象及场合	结婚祝福
FACTOR 03 装饰器物	不详
FACTOR 04 装饰时间	3天到一周
FACTOR 05 装饰环境	私宅、窗边
FACTOR 06 成本预算	花店价格约450RMB

Flowers & Green

玫瑰（2种）、康乃馨、嘉兰、蓝星花、洋桔梗、山菅、山莓、星点木

work

12 想象中的礼服

这是为一位定下婚约的女性所做的祝福花束。为了配合她的成熟韵味，设计成了修长的礼服状，并制作出了单边裙的效果。鲜艳的丝带与深色花材也相得益彰。

FACTOR 01 用途	礼物
FACTOR 02 赠送对象及场合	结婚祝福
FACTOR 03 装饰器物	不详
FACTOR 04 装饰时间	5天到一周
FACTOR 05 装饰环境	私宅
FACTOR 06 成本预算	花店价格约650RMB

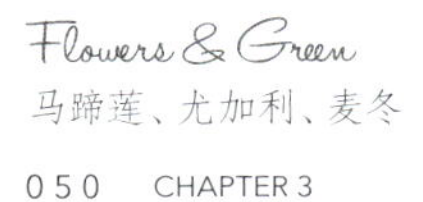

马蹄莲、尤加利、麦冬

work

13

以大丽花的花语寄托爱意

献给80多岁独居母亲的花束。大丽花正如它的花语一般，给人“优雅”的氛围。为祝福母亲身体康健，选用了明亮的橙黄色色系作为主色调。

FACTOR 01 用途	礼物
FACTOR 02 赠送对象及场合	敬老日
FACTOR 03 装饰器物	纤细的陶器
FACTOR 04 装饰时间	5天到一周
FACTOR 05 装饰环境	私宅
FACTOR 06 成本预算	花店价格约650RMB

Flowers & Green

大丽花（2种）、玫瑰（2种）、西澳蜡花、蓝冰柏、朱蕉

work

14

如风过境般的绿色花束

夏日的盂兰盆节是悼念亡故之人的节日，这是一束装饰在自家客厅里的花束。山柳的花语是“溢出的思念”。再将姜荷花的叶子重叠使用，将绿色的感觉更加突出。

Flowers & Green

姜荷花‘翡翠绿宝石’‘白色271’、花烛、山柳、狗尾草、蔓生百部、油橄榄、金叶薹草

FACTOR 01 用途	自家用
FACTOR 02 赠送对象及场合	无
FACTOR 03 装饰器物	玻璃花瓶
FACTOR 04 装饰时间	5天到一周
FACTOR 05 装饰环境	私宅、客厅
FACTOR 06 成本预算	花店价格约300RMB

work 15 春悦

这束花选用了多种春季花材，如繁花盛开般那样热闹，亮点是多种颜色的搭配。为了能平衡各种花的颜色，在整体搭配上，着重添加了文竹。摆放的方式多样，比如春天柔和阳光下的客厅或房间入口处，都能够享受花儿带来的乐趣。

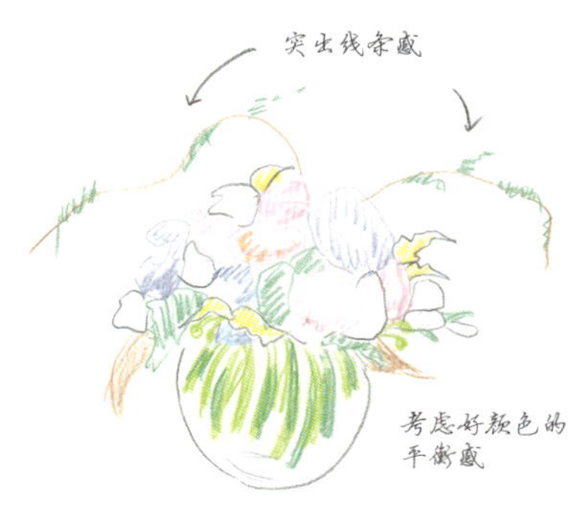

FACTOR 01 用途	自家用
FACTOR 02 赠送对象及场合	无
FACTOR 03 装饰器物	玻璃花瓶
FACTOR 04 装饰时间	5天到一周
FACTOR 05 装饰环境	客厅
FACTOR 06 成本预算	花店价格约450RMB

Flowers & Green

蓝花葱、玫瑰、嘉兰、蓝盆花、洋桔梗、大星芹、麻叶绣线菊、风铃草、须苞石竹、朱蕉、高山羊齿、文竹

work

16

初秋的思绪

女儿送给母亲的花束。

作品活用了野趣盎然的商陆枝，是一个季节感强烈的设计作品。自然柔和的玫瑰和像野草般伫立的木莓叶，影影绰绰地表达着感谢的心情。

堆积起野蔷薇

商陆的自然线条

以甜椒代替花材来映射秋天

FACTOR 01 用途	礼物
FACTOR 02 赠送对象及场合	送予母亲
FACTOR 03 装饰器物	玻璃花瓶
FACTOR 04 装饰时间	5天到一周
FACTOR 05 装饰环境	客厅
FACTOR 06 成本预算	花店价格约300RMB

Flowers & Green

垂序商陆、蔷薇花、甜椒、须苞石竹、洋桔梗、树莓叶、玫瑰‘奶咖’、红叶朱蕉

work

17
心晴

Flowers & Green
洋桔梗、蓝星花、地榆、
海桐花、蕨草

心情低落、工作不顺、想重振精神的时候，装饰这样一束花最为合适。温柔的粉红色中，点缀着蓝星花，营造出的平静感使人感到心情舒畅，敢于直面现实。

FACTOR 01 用途	自家用
FACTOR 02 赠送对象及场合	无
FACTOR 03 装饰器物	玻璃花瓶
FACTOR 04 装饰时间	5天到一周
FACTOR 05 装饰环境	客厅
FACTOR 06 成本预算	花店价格约300RMB

FACTOR 01 用途	礼物
FACTOR 02 赠送对象及场合	生日
FACTOR 03 装饰器物	蓝色花瓶
FACTOR 04 装饰时间	5天到一周
FACTOR 05 装饰环境	客厅
FACTOR 06 成本预算	花店价格约450RMB

work

18 靛蓝色花束

这束花是送给好友的生日礼物。是为喜欢蓝色系的她而特别定制的色彩。同时花器也使用了蓝色系。虽然整体都选择蓝色，但因为恰到好处地混搭了绿色花材，所以最后的效果是非常优雅的。

Flowers & Green

飞燕草、绣球、洋桔梗、星辰花、树莓、欧洲荚蒾、三角叶金合欢、山菅、朱蕉

work

19

初夏的柔和色调花束

初夏时节，空气中还残留着春天的气息。这是一位母亲送给女儿的生日花束。用满天星包围着芍药和玫瑰营造出一种温馨的气氛。添上一些修整过的薹草，给人一种紧凑利索的感觉。

FACTOR 01 用途	礼物
FACTOR 02 赠送对象及场合	生日
FACTOR 03 装饰器物	玻璃花瓶
FACTOR 04 装饰时间	5天到一周
FACTOR 05 装饰环境	客厅
FACTOR 06 成本预算	花店价格约300RMB

Flowers & Green

玫瑰、芍药、满天星、薹草

20
秋之声

Flowers & Green
针垫花、玫瑰、红叶金丝桃、山归来、
麦冬、朱蕉

FACTOR 01 用途	装饰
FACTOR 02 赠送对象及场合	无
FACTOR 03 装饰器物	白色花瓶
FACTOR 04 装饰时间	5天到一周
FACTOR 05 装饰环境	商店收银台
FACTOR 06 成本预算	花店价格约650RMB

这个作品是来自于一位店主的订购，用于装饰收银台。以橙色、黄色的花材交错制成的圆形花束，放入了红叶和果实，极具秋色感。加入了针垫花等个性花材，或许可以成为吸引顾客交谈的因素。

FACTOR 01 用途	礼物
FACTOR 02 赠送对象及场合	送友人
FACTOR 03 装饰器物	不详
FACTOR 04 装饰时间	5天到一周
FACTOR 05 装饰环境	私宅
FACTOR 06 成本预算	花店价格约650RMB

Flowers & Green
洋桔梗、玫瑰、夕雾、
千日红‘千日小坊’、日本吊钟花

work

21
老朋友的赠礼

“别来无恙？”伴随着一句简单的问候，将这束鲜花送给老朋友。花束收集了雅致现代感的秋天元素，并将日本吊钟花的枝条和‘千日小坊’所表现出的自然感很好地融合在了一起。

FACTOR 01 用途	礼物
FACTOR 02 赠送对象及场合	圣诞节
FACTOR 03 装饰器物	不详
FACTOR 04 装饰时间	5天到一周
FACTOR 05 装饰环境	私宅
FACTOR 06 成本预算	花店价格约1500RMB

Flowers & Green

帝王花、非洲菊、玫瑰、蓝盆花、木百合、金丝桃、橙黄饰球花、蓝冰柏、松果、茉莉、橙片

这个作品是丈夫送给妻子的圣诞礼物，是特别制作的花束。在常用的红色系花材中加上南半球原生花卉的独特味道，使整个作品在搭配上充满了成熟感。使用了宽幅的黄金丝带来配合花束的豪华氛围，也使得整个作品更加华丽。

work

22

Red and Gold

FACTOR 01 用途	自家用
FACTOR 02 赠送对象及场合	无
FACTOR 03 装饰器物	青色玻璃花瓶
FACTOR 04 装饰时间	5天到一周
FACTOR 05 装饰环境	私宅
FACTOR 06 成本预算	花店价格约400RMB

work

23 精炼的分类组合造型

虽然花束的形状有些不可思议，其实这是一束用了“分类”手法制作的圆形花束。分类组合手法是指将相同的花材放在相邻的位置，与单体状态的花相比，把花材作为一个整体来表现，使得作品充满了时尚感。

Flowers & Green
花烛、夕雾、金槌花、海芋

FACTOR 01 用途	自家用
FACTOR 02 赠送对象及场合	无
FACTOR 03 装饰器物	黑色与银色相间花瓶
FACTOR 04 装饰时间	5天到一周
FACTOR 05 装饰环境	私宅桌子上
FACTOR 06 成本预算	花店价格约500RMB

work

24

清爽的粉绿搭配

这是一束放在家中桌子上的装饰性花束。把较大的百合剪短，再将花束组合成圆球形。百合花向上扩展，使得花束比实际的大小更具有立体感，整个作品的清爽色调也很适合夏天。

Flowers & Green

百合、高山刺芹、康乃馨、绣球、日本吊钟花、莎草、朱蕉

FACTOR 01 用途	探望
FACTOR 02 赠送对象及场合	送友人
FACTOR 03 装饰器物	不详
FACTOR 04 装饰时间	5天到一周
FACTOR 05 装饰环境	私宅
FACTOR 06 成本预算	花店价格约450RMB

Flowers & Green

花烛、马蹄莲、玫瑰、景天、绣球、尤加利、新西兰麻、山菅

work

25

送给正在休养的朋友

这是为了探望因做了大手术正在家中疗养的朋友所准备的花，希望用花束典雅的风格表现朋友恬静的性格。作品选用了淡粉色的花烛和马蹄莲。反差色的绣球也为作品增添了一丝清爽。

work

26

时尚秋冬花束

为了送给同辈朋友而制作的花束。这个花束为表现深秋到初冬的季节感而构思创作的圆形花束。秋天特有的土茯苓红色果实和浓重的绣球烘托了季节味道。

FACTOR 01 用途	礼物
FACTOR 02 赠送对象及场合	送友人
FACTOR 03 装饰器物	不详
FACTOR 04 装饰时间	5天到一周
FACTOR 05 装饰环境	私宅
FACTOR 06 成本预算	花店价格约650RMB

Flowers & Green

玫瑰、绣球、土茯苓、寒丁子、洋桔梗、尤加利花蕾、朱蕉

FACTOR		
FACTOR 01	用途	礼物
FACTOR 02	赠送对象及场合	圣诞节
FACTOR 03	装饰器物	不详
FACTOR 04	装饰时间	5天到一周
FACTOR 05	装饰环境	餐饮店
FACTOR 06	成本预算	花店价格约500RMB

成熟风粉色花束

这是一束从浓艳的粉色到淡粉色的渐变花束，是为了送给经常去的餐饮店而精心制作的。浑圆的圆形花束中，刺芹、蓝冰柏的银绿色正静静地演绎圣诞的氛围。

work

27

Flowers & Green

大丽花、洋桔梗、玫瑰、高山刺芹、蓝冰柏、朱蕉

28 把小小的春天收集起来吧

这是一个收集了春天代表性小花制作的圆球形花束。用鲜艳的粉红色风信子编织成的装饰物优雅地点缀了花束，这是送给家人最好的礼物。

FACTOR 01	用途	礼物
FACTOR 02	赠送对象及场合	送家人
FACTOR 03	装饰器物	纤细的花器
FACTOR 04	装饰时间	5天到一周
FACTOR 05	装饰环境	私宅
FACTOR 06	成本预算	花店价格约1000RMB

Flowers & Green

风信子（3种）、黑种草、巴黎金合欢、郁金香、大花三色堇、花毛茛（3种）、樱花、尤加利、荠菜花

FACTOR 01 用途	礼物
FACTOR 02 赠送对象及场合	送家人
FACTOR 03 装饰器物	纤细的花器
FACTOR 04 装饰时间	5天到一周
FACTOR 05 装饰环境	私宅
FACTOR 06 成本预算	花店价格约500RMB

work

29 双面的乐趣

这是一束并列型花束。5支马蹄莲非常有韵律地组合起来，并且配合着花烛的叶片增加了动感。花束上部的颜色被整理得非常鲜明，根部则使用了比较柔和的颜色，两方对比非常具有趣味性。

Flowers & Green
马蹄莲、绣球、尤加利、花烛

work

30

致柔软的时节

这是一位女高中生为母亲订购的生日礼物。初夏，以当季花材为中心，再搭配上了紫色系的花，最后用朦胧的黄栌花序来衬托出它们的美。质感独特的银叶菊放置在右下角处，用它来装饰花器，宛如将整个作品系上丝带一般。

FACTOR 01 用途	礼物
FACTOR 02 赠送对象及场合	生日
FACTOR 03 装饰器物	不详
FACTOR 04 装饰时间	3天到5天
FACTOR 05 装饰环境	私宅
FACTOR 06 成本预算	花店价格约500RMB

Flowers & Green

铁线莲（2种）、黄栌花、高山刺芹、银叶菊

FACTOR 01 用途	自家用
FACTOR 02 赠送对象及场合	无
FACTOR 03 装饰器物	陶器
FACTOR 04 装饰时间	5天到一周
FACTOR 05 装饰环境	私宅
FACTOR 06 成本预算	花店价格约400RMB

work

31

时尚白色

我刚刚1岁半的孩子非常喜欢花。这是一束我与他一起开心地在自家客厅制作的花束。以白色花材为中心，运用了红色的姜荷花作为反差收敛整个作品。

Flowers & Green

石斛兰、姜荷花（2种）、白色蝴蝶兰、山莓、喜林芋、朱蕉、绣线菊、小米穗

work

32

秋凉（成熟系）

这是一束为避暑别墅所做的装饰花束，这款暗色系圆形花束以2种棕色系向日葵做主景花材，用伸展出的松果菊增加动感，最后用大叶片连系了整体感。

FACTOR 01 用途	自家用
FACTOR 02 赠送对象及场合	无
FACTOR 03 装饰器物	金属器皿
FACTOR 04 装饰时间	5天到一周
FACTOR 05 装饰环境	别墅
FACTOR 06 成本预算	花店价格约400RMB

Flowers & Green

向日葵（2种）、松果菊、朱蕉、无毛风箱果、喜林芋

work

33

无法言说的感谢

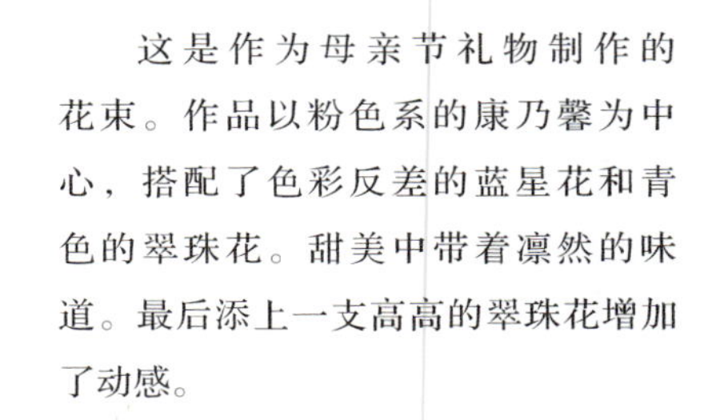

这是作为母亲节礼物制作的花束。作品以粉色系的康乃馨为中心，搭配了色彩反差的蓝星花和青色的翠珠花。甜美中带着凛然的味道。最后添上一支高高的翠珠花增加了动感。

FACTOR 01 用途	礼物
FACTOR 02 赠送对象及场合	母亲节
FACTOR 03 装饰器物	陶器
FACTOR 04 装饰时间	5天到一周
FACTOR 05 装饰环境	私宅
FACTOR 06 成本预算	花店价格约400RMB

Flowers & Green

康乃馨（6种）、玫瑰、蓝星花、翠珠花、满天星、朱蕉、山菅、毛绒稷

FACTOR 01 用途	礼物
FACTOR 02 赠送对象及场合	生日
FACTOR 03 装饰器物	不详
FACTOR 04 装饰时间	5天到一周
FACTOR 05 装饰环境	私宅
FACTOR 06 成本预算	花店价格约400RMB

work

34

夏之跃动

高大花束中纵横交错的向日葵给人留下了深刻的印象。每种花都是为了迎合夏日的生日而精心挑选的。虽然向日葵容易使作品变得孩子气，但以大量飞燕草的绿色相衬托，却会营造出一种成熟的氛围。

Flowers & Green

向日葵、贝壳花、百部、飞燕草、夕雾

work

35

旧夏

这是一束曾孙献给已故曾祖父的贡品花。花束选择了深色的向日葵，让人回想起了幼时在夏日黄昏里玩耍的记忆。

Flowers & Green

向日葵、娇娘花、非洲菊、景天、山菅、新西兰亚麻

FACTOR 01 用途	贡品
FACTOR 02 赠送对象及场合	曾祖父
FACTOR 03 装饰器物	不详
FACTOR 04 装饰时间	4天到6天
FACTOR 05 装饰环境	私宅
FACTOR 06 成本预算	花店价格约250RMB

FACTOR 01 用途	自家用
FACTOR 02 赠送对象及场合	无
FACTOR 03 装饰器物	玻璃瓶
FACTOR 04 装饰时间	5天到一周
FACTOR 05 装饰环境	私宅
FACTOR 06 成本预算	花店价格约400RMB

work

36 互补色花束

这是一束为了慰劳自己而制作的花束，作品最大的乐趣在于使用的花材都是自己最喜欢的。作品是以白色、蓝色、素色小花为中心制作的圆形花束，在透明感十足的花束中，使用了黄色的金槌花作为反差，让整体色彩更加鲜明。

Flowers & Green

大花葱、木茼蒿、高山刺芹、黑种草、金丝桃果、洋桔梗、康乃馨、勿忘我、满天星、荚蒾、绿绣球、金槌花、圆叶柴胡花、高山羊齿、兔尾草

work

37

夏日激情花束

这是为神奈川县湘南江之岛的一家美容院所制作的伴手礼，我一直受其照顾多年。从七里浜一些店铺的大玻璃窗外能眺望到江之岛，有时还能看到赤红的富士山。作品是根据这些景象的延伸，再和珊瑚凤梨相搭配做出梦幻的感觉。花束使用了许多独特的花材，我希望客人和工作人员都能从中感受到活力。

FACTOR 01 用途	装饰
FACTOR 02 赠送对象及场合	无
FACTOR 03 装饰器物	不详
FACTOR 04 装饰时间	5天到一周
FACTOR 05 装饰环境	美容院入口
FACTOR 06 成本预算	花店价格约500RMB

Flowers & Green

马蹄莲、秋葵、珊瑚凤梨、蕨草、莲蓬

work

38

粉色的力量

以蓝绿色的紫阳花为主色，艳丽的紫红色石斛兰和玫瑰组成了这束令人印象深刻的花束。考虑到花束要装饰在服装专营店的货架上，所以我做了更能显示空间感的设计。花束中色彩强烈的花色，与鸣子百合的轻柔非常完美地结合在了一起。

FACTOR 01 用途	装饰
FACTOR 02 赠送对象及场合	无
FACTOR 03 装饰器物	玻璃花瓶
FACTOR 04 装饰时间	5天到一周
FACTOR 05 装饰环境	服装专营店的架子上
FACTOR 06 成本预算	花店价格约500RMB

Flowers & Green

石斛兰（2种）、玫瑰、绣球、斑叶玉竹（鸣子百合）

work

39

干花装饰

FACTOR 01 用途	礼物
FACTOR 02 赠送对象及场合	给友人
FACTOR 03 装饰器物	不详
FACTOR 04 装饰时间	一周以上
FACTOR 05 装饰环境	私宅
FACTOR 06 成本预算	花店价格约500RMB

Flowers & Green

帝王花、洋蓟、山龙眼、刺芹、尤加利花蕾、圆叶尤加利、胡颓子、紫御谷、银桦、黄栌花

这是大量使用了银绿色叶材的花束，主要使用了一些原生花卉，是送给喜欢休闲设计的朋友的礼物，也希望她能够体会到花束放置后变成干花的乐趣。

FACTOR 01 用途	礼物
FACTOR 02 赠送对象及场合	生日
FACTOR 03 装饰器物	不详
FACTOR 04 装饰时间	5天到一周
FACTOR 05 装饰环境	私宅
FACTOR 06 成本预算	花店价格约400RMB

Flowers & Green

芍药、栀子、刺芹、棉花、黄栌花、银桦、桉树叶、尤加利、龙爪柳

work

40

致初夏特别的绿色

这束花是送给六月出生的朋友的生日礼物，主要使用了时令鲜花来进行创作。花束中运用了芍药和栀子花，并且使用了大量绿色的叶材，最后在花束的周围装饰了黄栌花。花束独特的个性和迷人的香味都给人留下了深刻的印象。

FACTOR 01 用途	礼物
FACTOR 02 赠送对象及场合	结婚纪念日
FACTOR 03 装饰器物	不详
FACTOR 04 装饰时间	4天到一周
FACTOR 05 装饰环境	私宅
FACTOR 06 成本预算	花店价格约650RMB

work

41 永恒时刻

这是为一对迎接结婚纪念日的夫妇所制作的礼物。婚礼花束总让人联想到白色，这里在白色的花束中又搭配了茶色的花烛。为了与花烛相呼应，使用了玻璃纱质的绸带进行捆扎。

Flowers & Green

大丽花、花烛、洋桔梗、尤加利花蕾、苹果桉、百部

包装花束

在花店购买花束时都需要进行包装。

花束包装不但能提升整个花束的魅力，也对花材具有一定保护的作用。

work

42

休闲风花束

FACTOR 01 用途	礼物
FACTOR 02 赠送对象及场合	生日
FACTOR 03 装饰器物	不详
FACTOR 04 装饰时间	5天到一周
FACTOR 05 装饰环境	私宅
FACTOR 06 成本预算	花店价格约500RMB

Flowers & Green

向日葵、玫瑰、绣球、百部、小米穗、洋桔梗、天竺葵、朱蕉

这是为夏天出生的顾客制作的生日花束。这里使用了大量绿色的紫阳花和叶材，加入了暖色系花，避免了花朵过于浮夸。最后通过两种棕色系材质包装，使得作品更加轻松惬意。

①

先准备好已经捆绑好的圆形花束。

②

把防水的包装纸斜着两折，然后在中央位置如图横着裁剪出能放进花束的缺口。

③

把花束塞进②的切口位置。

④

在③的基础上用包装纸包好花束，再用订书机钉好。下端进行保水处理，再用茶色的包装纸包装一层，最后系上丝带就完成了。

work

43

适合成熟女性的紫粉色花束

FACTOR 01 用途	礼物
FACTOR 02 赠送对象及场合	送友人
FACTOR 03 装饰器物	不详
FACTOR 04 装饰时间	3天到一周
FACTOR 05 装饰环境	私宅
FACTOR 06 成本预算	花店价格约500RMB

这是一束在充满春意的香豌豆中加入少许薰衣紫、粉色、深红色的花材制作的花束。因为加入了金绿色的三角叶相思树，使得整个花束的设计感变得更加强烈。包装也配合花色选择了比较稳重的颜色。

Flowers & Green

香豌豆（3种）、三角叶相思树

work

44 纪念日

这是一个以白色、绿色为中心色调的作品，加入了橙色玫瑰做点缀。花束是为了庆祝结婚纪念日而特别定制的。整个作品给人一种优雅清爽的印象。包装采用了与花材相搭配的绿色和橙色材料。

FACTOR 01 用途	礼物
FACTOR 02 赠送对象及场合	结婚纪念日
FACTOR 03 装饰器物	不详
FACTOR 04 装饰时间	3天到一周
FACTOR 05 装饰环境	私宅
FACTOR 06 成本预算	花店价格约500RMB

Flowers & Green

花毛茛、玫瑰、小苍兰、短舌匹菊（小白菊）、荚蒾花、绣球、山菅、三角叶相思树、朱蕉

work

45

蓝色经典

FACTOR 01 用途	礼物
FACTOR 02 赠送对象及场合	赠友人
FACTOR 03 装饰器物	不详
FACTOR 04 装饰时间	一周以上
FACTOR 05 装饰环境	私宅
FACTOR 06 成本预算	花店价格约650RMB

为了与紫阳花和砂蓝刺头的蓝色相搭配，选用了海军蓝蜡纸。海军蓝如果使用不当，会给人一种僵硬的感觉。所以在蜡纸与花之间夹了一层米色的包装纸，这样就变得轻松休闲。

Flowers & Green

绣球、砂蓝刺头、娇娘花、黄栌花、大花葱、野蔷薇、尤加利、石莲花、银桦、胡颓子等

work

46

与花色相称的包装

FACTOR 01 用途	礼物
FACTOR 02 赠送对象及场合	发布会
FACTOR 03 装饰器物	不详
FACTOR 04 装饰时间	3天到一周
FACTOR 05 装饰环境	私宅
FACTOR 06 成本预算	花店价格约250RMB

由乒乓菊和非洲菊组成的花束，色彩丰富，造型可爱。只需一张稍厚的绉纸即可完美地保护花束免受损伤。包装材料与花的颜色相互呼应，统一感就会油然而生。

Flowers & Green

非洲菊（4种）、乒乓菊（4种）、朱蕉

Flowers & Green
芍药(2种)、康乃馨、百部、
高山羊齿、朱蕉

Flowers & Green
玫瑰(3种)、金合欢、
新西兰麻、欧氏薹草、朱蕉

Flowers & Green
非洲菊、玫瑰(2种)、
花毛茛(2种)、
康乃馨、肖天冬、
尤加利

Flowers & Green
马蹄莲、足柱兰、
石斛兰、刺芹、朱蕉、
龟背竹、山菅

Flowers & Green
非洲菊、蓝盆花、刺芹、
星辰花、薄荷叶、
曼陀罗、麦冬

Flowers & Green
飞燕草、刺芹、星辰花、
尤加利、中国芒、
涂白枝条

Flowers & Green
大丽花、百合、
须苞石竹、欧洲荚蒾、
百部

Flowers & Green
马蹄莲、非洲菊、
大丽花、琉璃唐棉、
饰球花、兰花气生根

Flowers & Green
洋桔梗、樱‘启翁’、朱蕉、山菅

Flowers & Green
香豌豆、瓜叶菊、大阿米芹、天竺葵

Flowers & Green
非洲菊、琉璃唐棉、
石竹、朱蕉

Flowers & Green
玫瑰、蓝盆花、欧丁香、
飞燕草、朱蕉、
斑叶玉竹（鸣子百合）

Flowers & Green
玫瑰(3种)、
野蔷薇、山菅

Flowers & Green
绣球、西澳蜡花、
尤加利花蕾、圆叶尤加利

Flowers & Green

玫瑰、大阿米芹、飞燕草、短舌匹菊、洋桔梗、百部、山菅

Flowers & Green

花毛茛、玫瑰、珍珠绣线菊、朱蕉

Flowers & Green

花烛、蓝盆花、密房石斛、文心兰、赫蕉、散尾葵、龟背竹

Flowers & Green

花烛、康乃馨、针垫花、虎眼万年青、蒂罗花、星辰花、螺纹铁、大花葱、袋鼠爪

Flowers & Green
银莲花、郁金香、非洲菊、金合欢'贝利氏相思'、火龙珠、夕雾、荠菜花、大阿米芹等

Flowers & Green
马蹄莲、白蝴蝶兰、山菅、金丝薹草、龟背竹、一叶兰

Flowers & Green

百合、落新妇、紫阳花、油橄榄、山菅

Flowers & Green

绣球、玫瑰（2种）、马蹄莲、六出花、洋桔梗、小米穗、高山羊齿、百部等

Flowers & Green
向日葵、满天星、蓝星花

Flowers & Green
向日葵、马蹄莲、
圆叶柴胡、玫瑰(2种)、
六出花、蓝盆花、
短舌匹菊、苹果桉、
金合欢‘贝利氏相思’、朱蕉

Flowers & Green
绣球、天竺葵、圆锥石头花

Flowers & Green
非洲菊（2种）、玫瑰（2种）、
大阿米芹、山菅、龟背竹

Flowers & Green
郁金香（3种）、玫瑰（3种）、
花毛茛（5种）、巴黎金合欢、法兰绒花、
黑种草、风信子、香豌豆花、荠菜花

Flowers & Green
花毛茛、郁金香（2种）、马蹄莲、香豌豆花、高雪轮、
法兰绒花、康乃馨、夕雾、大花葱、蓝冰柏、
大王桂（达那厄鹃）

Flowers & Green
芍药、欧丁香、夕雾草、
鸣子百合、黑种草、玉簪

Flowers & Green
密房石斛、尤加利、山莓、
松果菊、海芋‘红色之舞’、
朱蕉、无毛风箱果

Flowers & Green
姜荷花、欧洲荚蒾、螺纹铁、绣球、
天竺葵、海芋'红色之舞'

Flowers & Green
马蹄莲(2种)、康乃馨、蓝刺头、
海芋'红色之舞'、朱蕉

Flowers & Green
树兰(4种)、松萝、铁兰、红瑞木

Flowers & Green
绣球花、菜蓟、刺芹

Flowers & Green
大丽花、玫瑰、花烛、
宫灯百合、山菅、朱蕉

Flowers & Green
绣球、非洲菊(2种)、星辰花、
须苞石竹、薄荷、山菅

Flowers & Green

玫瑰、西澳蜡花、夕雾草、蓝花葱等

Flowers & Green

绣球、马蹄莲、洋桔梗、

地榆、朱蕉、铁芒萁

Flowers & Green
玫瑰(2种)

Flowers & Green
大丽花、洋桔梗、尤加利、
蓝冰柏、朱蕉

Flowers & Green
非洲菊、玫瑰、
白车轴草、六出花、
蓝冰柏、龟背竹、
尤加利、山菅

Flowers & Green
非洲菊、玫瑰(2种)、
须苞石竹、满天星、
百部、朱蕉、麦冬

Flowers & Green
马蹄莲、玫瑰、向日葵、天竺葵、
黄栌花、山菅等

Flowers & Green
瓜叶菊、大飞燕草、马蹄莲、大阿米芹、
麦冬、花毛茛、夕雾、郁金香、山菅、木贼

Chapter 4

使用叶材的特别花束

利用花束突显个性可能是一件很困难的事，
但用叶材或枝条往往能让人眼前一亮，
制作出与众不同的花束。

使用叶材的特别花束

一般情况下，制作花束以花材为主要选择，而如果在叶材的使用方法上下功夫，设计的空间就会得到更大的扩展。在这里向大家介绍一些叶材的独特使用方法。

FACTOR 01 用途	自家用
FACTOR 02 赠送对象及场合	无
FACTOR 03 装饰器物	白色陶器
FACTOR 04 装饰时间	5天至一周
FACTOR 05 装饰环境	私人住宅
FACTOR 06 成本预算	花店价格约300RMB

work

47

黑色叶片的魅力

Flowers & Green

玫瑰‘甜点’、黑叶朱蕉、新西兰麻、齿叶天竺葵将新西兰麻分割弯制成弧形，搭配制作成花束的主体。因为花束用了宽大的黑叶朱蕉包裹外围，所以使用很少的花材也能营造出精致的氛围。

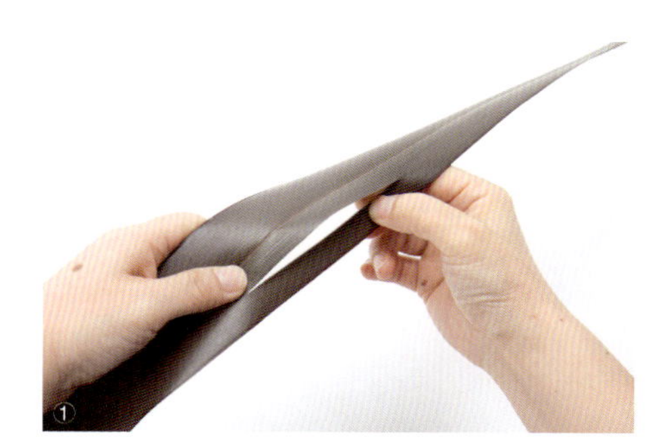

把5片新西兰麻竖向切开，分别分成4片。

把①中分割好的新西兰麻分别弯曲，用手握紧，加入玫瑰做为花束的中心。注意将花的高度调节为一致。

再将几片黑叶朱蕉弯曲用订书针固定后，包裹在②的周围。

将齿叶天竺葵分别插入③的黑叶朱蕉间隙中，最后整理好形状，作品就完成了。

work

48
简洁美

FACTOR 01 用途	礼物
FACTOR 02 赠送对象及场合	送友人
FACTOR 03 装饰器物	不详
FACTOR 04 装饰时间	5天至一周
FACTOR 05 装饰环境	私人住宅
FACTOR 06 成本预算	花店价格约300RMB

Flowers & Green
玫瑰'甜点'、双色银桦

这个花束只使用了玫瑰和叶材两种，使用的银桦叶的背面是棕色，
看似简洁实则内容丰富。

将银桦的叶子一片片从枝条上掰下。

用5支玫瑰组成螺旋型，把①的叶子包裹在玫瑰周围。这里也采用螺旋型的方法进行排列。

将周围的绿色部分做成理想的花束状。正向排列银桦叶的同时，随机将叶子反转插入，使作品巧妙地保持一种平衡感。整理好花束的形状后就完成了。

FACTOR 01 用途	礼物
FACTOR 02 赠送对象及场合	庆祝创业
FACTOR 03 装饰器物	不详
FACTOR 04 装饰时间	5天至一周
FACTOR 05 装饰环境	办公室
FACTOR 06 成本预算	花店价格约500RMB

work

49

致独立的你

Flowers & Green

海神花、向日葵‘薄片巧克力’、
贝壳花、鸟巢蕨、水葱

这是送给独立创业的朋友的花束。包含了希望友人能蒸蒸日上的愿望，就像花束中的花萼蕴藏在鸟巢蕨中，如接穗般高高地连结向上。花束整体的曲面设计如图片所示。

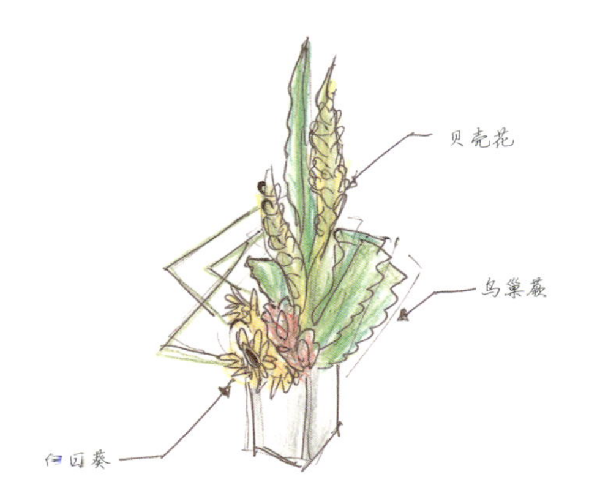

①在鸟巢蕨上叠加贝壳花，然后从鸟巢蕨上的右半部分的上部开始剪切，保留下部15cm左右。注意叶片剪掉的部分不要折断，用剪开的叶片卷起，在贝壳花前做一个宽松的环状。

②在①所作的圆环中放进两片鸟巢蕨和4支海神花按顺序排列。

③在②的左边位置，将向日葵整齐排列。将5根已经弯曲成锐角的水葱用钢丝固定，放在向日葵的旁边，整理好细节，作品就完成了。最后要注意水葱的曲线力度，保持整体的平衡感。

这件作品中的玻璃花器，是与花一起成套赠送给钢琴老师的。柔和的铁线莲，卷曲了的新西兰麻，轻轻垂下的紫藤果实，都以一种轻松的韵律带给老师温柔的抚慰。

work

50

发表会上的感谢

FACTOR 01 用途	礼物
FACTOR 02 赠送对象及场合	发表会
FACTOR 03 装饰器物	红酒杯状的玻璃花器
FACTOR 04 装饰时间	3至5天
FACTOR 05 装饰环境	私人住宅
FACTOR 06 成本预算	花店价格约300RMB

Flowers & Green

铁线莲'舞场'、玫瑰、紫藤（果）、
黑叶朱蕉、新西兰麻、鸣子百合

将紫藤多余的叶子去除，只留下藤蔓上的果实。

茎秆纤细的铁线莲需要先用两根铁丝夹住根部来增加强度，再用花艺胶带缠住花茎进行加固。

把鸣子百合的长枝分别修剪为带有一至两片叶的短枝。

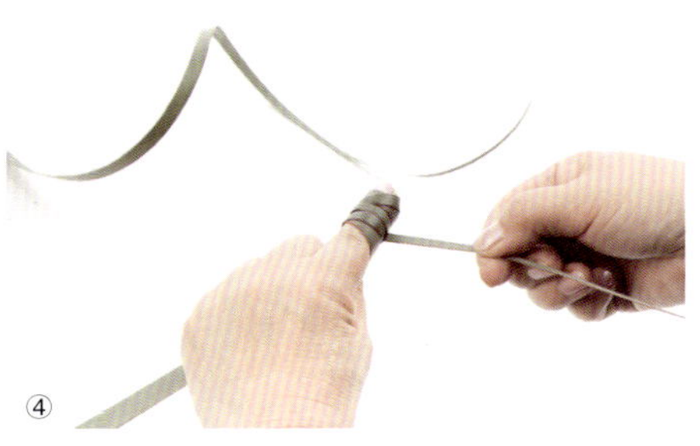

把新西兰麻纵向切成四片，再缠绕在手指上做成卷曲的形状。将黑叶朱蕉的主脉取下，分成2片。最后将①～③、玫瑰、铁线莲组合成螺旋型花束。

work

51

双面花束

Flowers & Green

玫瑰（2种）、蓝盆花、
翠珠花、珍珠绣线菊、多花桉、
欧洲荚蒾、柠檬叶

FACTOR 01 用途	礼物
FACTOR 02 赠送对象及场合	无特定
FACTOR 03 装饰器物	玻璃花瓶
FACTOR 04 装饰时间	4天到一周
FACTOR 05 装饰环境	酒店、欢迎会
FACTOR 06 成本预算	花店价格约400RMB

放置在酒店招待会上的花束。以玫瑰为中心的圆形花束下，以多花桉的叶片做出手捧花中常见的伸展。把让人印象深刻的深色花材与柔软线条的珍珠绣线菊，以及多花桉相结合，甜美与鲜明感达到了一种绝妙的平衡。

work

52

一抹清凉

把水葱横向连接起来做成了一个面，并且以此作为花束构架。一眼看上去花束更像是一件花艺设计作品。在店铺或者餐饮店等空间不是非常大的情况下，这样的装饰可以说是非常引人注目的。

FACTOR 01 用途	装饰
FACTOR 02 赠送对象及场合	无特定
FACTOR 03 装饰器物	不详
FACTOR 04 装饰时间	5天至一周
FACTOR 05 装饰环境	酒店接待处
FACTOR 06 成本预算	花店价格约650RMB

Flowers & Green

铁线莲、黄栌花、观叶秋海棠、水葱、山菅

用20根左右长度差不多的水葱整齐排列，然后中间穿过铁丝（#22）像木筏一样将它们连接在一起。为了不让水葱出现脱落的情况，最后铁丝的两端要保留并固定牢靠。

将两根弯曲的铁丝对折，分别从①中心部分两个位置传入。

接着②的地方，一边用手拿着钢丝，用另一只手将卷曲过的山菅组合插进排列好的水葱中。这里需要将山菅分成三组，分3部分左右相邻地插上去。

③的山菅边上插上一些黄栌。

花架的中心处插入铁线莲，剩下的花材也是依次如此插入。再将水葱和捆在里面的铁丝一起固定牢靠，作品就算完成了。

work

53

少量花材彰显空间效果

作品是以木贼为构架进行创作的独特花束。因为所用构架可以保持很长时间，可以通过更换顶部花材体验更多的乐趣。

在木贼的中间插入铁丝（#22）。一共要准备5支。

将①慢慢仔细地卷成螺旋状。卷好之后，将下一个木贼以铁丝连接起来继续盘成更大的圆形，在把所有的木贼都用上后就完成了作为底盘的大圆形。

用绿色的铁丝（#22）穿过，将②以“十”字型固定。再把剩余的铁丝整理到②的下面，作为构架来支撑圆盘。支撑部分全部用花艺胶带缠绕起来。

③的中心位置上，木贼间的空隙可以斜插一些石竹花做点缀。

把非洲菊高低错落地插在石竹花的周围，要注意在插鸣子百合时要保持植物的下垂感。当全部的花材都摆放完毕后，把花束形状稍作整理，作品就算完成了。

FACTOR 01 用途	装饰
FACTOR 02 赠送对象及场合	无特定
FACTOR 03 装饰器物	水盘或皿
FACTOR 04 装饰时间	5天至一周
FACTOR 05 装饰环境	商店方形长桌
FACTOR 06 成本预算	花店价格约1000RMB

Flowers & Green

非洲菊、石竹花、木贼、鸣子百合

work

54

厨房长桌装饰

FACTOR 01 用途	自家用
FACTOR 02 赠送对象及场合	无特定
FACTOR 03 装饰器物	金属花器
FACTOR 04 装饰时间	5天至一周
FACTOR 05 装饰环境	私人住宅厨房
FACTOR 06 成本预算	花店价格约200RMB

花束的大小与手头的杯子相符，用来装饰厨房正好合适。虽然花材很少，但使用山菅构架的曲线使整个花束带有动态的美感，看上去非常漂亮。

Flowers & Green
大星芹、麻叶绣线菊、嘉兰、麦冬、山菅等

work

55

秋日乡愁

Flowers & Green

玫瑰‘黄金’、
辣椒‘黑珍珠’、秋葵、
新西兰麻、木莓、
南洋参

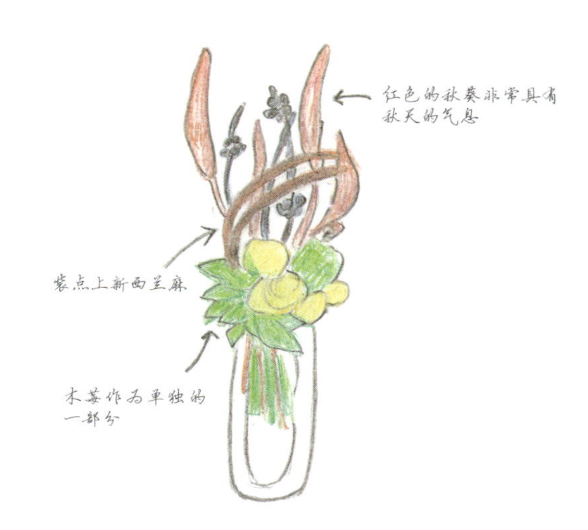

FACTOR 01 用途	装饰
FACTOR 02 赠送对象及场合	无特定
FACTOR 03 装饰器物	玻璃花器
FACTOR 04 装饰时间	5天至一周
FACTOR 05 装饰环境	吧台
FACTOR 06 成本预算	花店价格约300RMB

装点吧台的花束。为了表现深秋的意味，作品运用了红色系花材，将新西兰麻的叶片裁剪后卷曲在秋葵之上，以黄色玫瑰作为对比。木莓作为单独的一部分，增加了整体的存在感。

FACTOR 01 用途	礼物
FACTOR 02 赠送对象及场合	出生祝贺
FACTOR 03 装饰器物	银色花器
FACTOR 04 装饰时间	5天至一周
FACTOR 05 装饰环境	私人住宅
FACTOR 06 成本预算	花店价格约450RMB

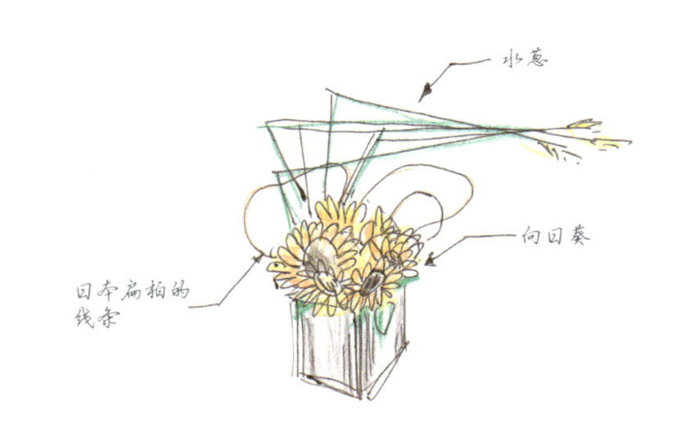

work

56

时尚向日葵花束

为朋友家刚诞生的男婴所准备的出生祝贺礼。把花束插在了银质花器中一同赠送。虽然仅仅使用了向日葵作为主花，水葱弯曲的棱角和日本扁柏的曲线，这样别出心裁的结合增加了乐趣。

Flowers & Green

向日葵‘薄片巧克力’、水葱、日本扁柏

work

57 分组曲线

这个作品的主要花材全部进行了分组，并且整体加入了颇具造型感的金叶薹草，营造出了一种休闲舒适的氛围。以尾穗苋增添的下垂曲线看上去也非常的灵动可爱。

FACTOR 01 用途	私宅用
FACTOR 02 赠送对象及场合	无特定
FACTOR 03 装饰器物	矮壶
FACTOR 04 装饰时间	5天至一周
FACTOR 05 装饰环境	私人住宅
FACTOR 06 成本预算	花店价格约500RMB

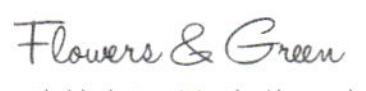

洋桔梗、尾穗苋、鸡冠花、金丝桃、金叶薹草、朱蕉

58

送给男性的玫瑰花束

这是一个以白色玫瑰为主角的圆形花束。作为男性的礼物，采用了雅致沉稳的色调。作品通过将新西兰麻的深色与带有甜美味道的玫瑰相结合，是一款给人凛冽而浪漫趣味花束。

FACTOR 01 用途	礼物
FACTOR 02 赠送对象及场合	送给男性
FACTOR 03 装饰器物	不详
FACTOR 04 装饰时间	5天至一周
FACTOR 05 装饰环境	私人住宅
FACTOR 06 成本预算	花店价格约450RMB

Flowers & Green

玫瑰'小萝卜'、蓝刺头、景天、新西兰麻、山菅

work

59
银绿色花束

把人气很高的空气凤梨通过防脱落处理后组合成了花束。由于使用了叶子颜色相近的蓝刺头和橄榄叶，两者充分融合达到了视觉上的一体感。与玫瑰‘红茶’的颜色搭配也很时髦靓丽。

FACTOR 01 用途	礼物
FACTOR 02 赠送对象及场合	送给男性
FACTOR 03 装饰器物	不详
FACTOR 04 装饰时间	5天至一周
FACTOR 05 装饰环境	私人住宅
FACTOR 06 成本预算	花店价格约450RMB

Flowers & Green
玫瑰‘红茶’、蓝刺头、橄榄、
空气凤梨‘霸王’‘精灵’

朋友的女儿首次担任音乐剧主演，这是赠送给她的后台花。貌似散乱插入的锯齿状银桦叶子的背面是银色的。这个设计不仅融入了色彩的美，也表现出了枝条伸展的生命力。与鲜艳的针垫花相组合，给人一种强有力的印象。

work

60

欣赏叶的色彩与姿态

FACTOR 01 用途	礼物
FACTOR 02 赠送对象及场合	后台花
FACTOR 03 装饰器物	不详
FACTOR 04 装饰时间	5天至一周
FACTOR 05 装饰环境	后台
FACTOR 06 成本预算	花店价格约500RMB

Flowers & Green

针垫花、玉米笋、银桦树、熊草、朱蕉‘卡布基诺’

work

61
几何花束

这是一个将水葱折弯制作成几何型的设计。花材通过分组的形式进行组合，中间的大面色块给人留下冲击感。水葱的弯曲配合马蹄莲的伸展方向，给人以动感和韵律。

FACTOR 01 用途	礼物
FACTOR 02 赠送对象及场合	送别会
FACTOR 03 装饰器物	不详
FACTOR 04 装饰时间	5天至一周
FACTOR 05 装饰环境	私人住宅
FACTOR 06 成本预算	花店价格约500RMB

Flowers & Green

马蹄莲、非洲菊、玫瑰、绣球、龟背竹、水葱等

以枝条为特征的花束

枝条是一种在设计构架中被广泛使用的花材。成功地运用枝条进行设计，可以有效地提升花束整体水准。

FACTOR 01 用途	礼物
FACTOR 02 赠送对象及场合	送别会
FACTOR 03 装饰器物	不详
FACTOR 04 装饰时间	5天至一周
FACTOR 05 装饰环境	私人住宅
FACTOR 06 成本预算	花店价格约450RMB

work

62

枝条构架花束

Flowers & Green

石竹、姜荷花、愚人莓、蜡瓣花

这个作品先以枝条构建框架，再把花插入。从技法角度来说，花与花的空间容易掌握，并且花的位置也不易移动，十分适合新手运用。就算只使用少量花材，也能插出有分量感的花束来。

右手拿住蜡瓣花枝条的根部，把尖端的枝条做成一个个圆圈，再用铁丝固定住根部部分。

以①完成的部分为中心，用螺旋形的组合方式把愚人莓排列成扇型。

把姜荷花放入愚人莓之间。

把愚人莓的前端弯曲，用铁丝固定在下方的枝干上。这样做的圈数由接下来要插多少石竹花来决定。

最后把石竹花插进④的圆圈中，作品就完成了。

FACTOR 01 用途	自用
FACTOR 02 赠送对象及场合	无特定
FACTOR 03 装饰器物	玻璃花器
FACTOR 04 装饰时间	5天至一周
FACTOR 05 装饰环境	私人住宅的和式五斗柜上
FACTOR 06 成本预算	花店价格约300RMB

Flowers & Green

忍冬（果）、溪荪（果）、枫（果）、德国鸢尾（果）、鸡冠花、龙胆、无毛风箱果、朱蕉‘卡布奇诺’

work

63

秋实之乐

为了装饰自家居室中的旧式五斗柜而专门制作了这个花束，使用了让人联想到秋日晴空的蓝色系花材。花束大量运用了各种植物的果实，非常生动地表现出从花到果实的变化姿态，也体现了新生命的诞生过程。

FACTOR 01 用途	礼物
FACTOR 02 赠送对象及场合	圣诞派对
FACTOR 03 装饰器物	不详
FACTOR 04 装饰时间	5天到一周
FACTOR 05 装饰环境	私人住宅
FACTOR 06 成本预算	花店价格约400RMB

在圣诞节被邀请参加朋友家聚会时送给主人的花束。红瑞木卷成花环的样式作为整个花束的中心，营造出圣诞的氛围。而花束只需保持原样放入花瓶，整个屋子的气氛都会变得华丽起来。

work

64

多彩圣诞节

Flowers & Green

玫瑰、嘉兰、木百合、红瑞木、龙爪柳、柏树'蓝冰''飞升skyrocket'、日本花柏、日本落叶松

FACTOR 01 用途	礼物
FACTOR 02 赠送对象及场合	圣诞派对
FACTOR 03 装饰器物	不详
FACTOR 04 装饰时间	5天至一周
FACTOR 05 装饰环境	私人住宅
FACTOR 06 成本预算	花店价格约400RMB

Flowers & Green

洋桔梗、玫瑰、软羽衣草、蓝莓、台湾吊钟花、山菅、星点木、百脉根

这是为祝贺朋友初夏生日而制作的花束。为了表现这个季节特有的新绿，花束使用了清新水灵的台湾吊钟花来制造曲线。这是当花量较少时，使花束看起来也很有分量的小技巧。

work

65

初夏新绿

FACTOR 01 用途	礼物
FACTOR 02 赠送对象及场合	给自己
FACTOR 03 装饰器物	玻璃花器
FACTOR 04 装饰时间	5天至一周
FACTOR 05 装饰环境	私人住宅
FACTOR 06 成本预算	花店价格约450RMB

这是给自己努力工作22年，退休之后的奖励。花束以红色、橙色为中心，给人以从夏末到初秋，季节慢慢推移的感觉，有一种华丽而不失沉稳的味道。作者利用梓树的枝条将空间感表现得淋漓尽致。

Flowers & Green

针垫花‘太阳’‘探戈’、栗、小米穗、梓树、莫氏兰‘曼谷火焰’‘热带橙’、红叶、黑叶观音莲、银线龙血树、螺纹铁‘银色条纹’

work

66

送给努力过的自己

work

67
粉色趣味

Flowers & Green

康乃馨（2种）、玫瑰、菊、
地榆、山归来、
朱蕉'卡布奇诺'

献给喜欢花的朋友的秋之花束。为了迎合喜欢可爱风的朋友，作者选择了颜色不同的粉色系花材。最后用地榆和山归来微微开始变换颜色的果实来表现季节的推移。

FACTOR 01 用途	礼物
FACTOR 02 赠送对象及场合	赠友人
FACTOR 03 装饰器物	不详
FACTOR 04 装饰时间	5天至一周
FACTOR 05 装饰环境	私人住宅
FACTOR 06 成本预算	花店价格约300RMB

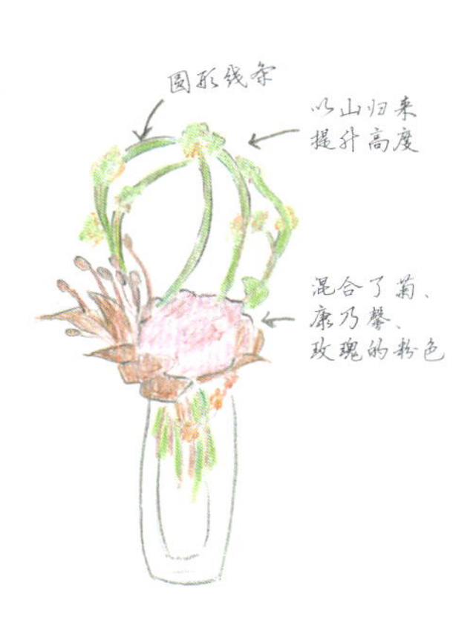

花束运用了瀑布型花束的制作方式来完成，用台湾吊钟花和马蹄莲作为花束的下垂部分。新鲜的蓝色飞燕草搭配上白色的马蹄莲，和台湾吊钟花的叶子相呼应。

FACTOR 01 用途	礼物
FACTOR 02 赠送对象及场合	婚礼祝福
FACTOR 03 装饰器物	不详
FACTOR 04 装饰时间	5天至一周
FACTOR 05 装饰环境	私人住宅
FACTOR 06 成本预算	花店价格约650RMB

work

68

枝条瀑布型花束

Flowers & Green

马蹄莲、飞燕草、尤加利、朱蕉、台湾吊钟花

work

69

松弛柔软感觉中的直线线条

这是一个大量使用茴香来营造营造出松松软软氛围，并且将这一气氛蔓延开来的花束。再配上有着漂亮叶子的蜡瓣花，使得整体颜色看上去非常柔和、仙气十足。茴香茎秆的线条也是作品的点睛之笔。

Flowers & Green
茴香、黑种草（果）、蓝盆花‘星球’、蜡瓣花等

FACTOR 01 用途	自用
FACTOR 02 赠送对象及场合	无特定
FACTOR 03 装饰器物	玻璃花器
FACTOR 04 装饰时间	5天至一周
FACTOR 05 装饰环境	私人住宅
FACTOR 06 成本预算	花店价格约500RMB

使人心情愉悦的花束
精灵的音乐会
仙境里的花儿们

这是为了装饰秋天日式料理店单间的壁龛而制作的花束。作品中变红的腺齿越橘，其枝叶极具流动感，再搭配小巧可爱的果实，与那楚楚动人、惹人怜爱的杂交香鸢尾似乎都揉在了秋天里，化作了一阵清爽的风。

work

70

用红叶增添和式空间的色彩

FACTOR 01 用途	装饰
FACTOR 02 赠送对象及场合	无特定
FACTOR 03 装饰器物	壶
FACTOR 04 装饰时间	5天至一周
FACTOR 05 装饰环境	日料店壁龛
FACTOR 06 成本预算	花店价格约500RMB

Flowers & Green

腺齿越橘、凤梨、杂交香鸢尾

这是为装点自家走廊而制作的花束。作品利用新西兰麻来表现从可爱的卫矛叶间穿透的阳光。虽然比较简洁，但那洒满柔和阳光的湖畔森林美景仿佛就此浮现于眼前。

Flowers & Green

海神花、新西兰麻、卫矛

work

71

如树叶间清漏的阳光

FACTOR 01 用途	自用
FACTOR 02 赠送对象及场合	无特定
FACTOR 03 装饰器物	以古董、旧物为花器
FACTOR 04 装饰时间	5天至一周
FACTOR 05 装饰环境	私人住宅走廊
FACTOR 06 成本预算	花店价格约500RMB

FACTOR 01 用途	装饰
FACTOR 02 赠送对象及场合	无特定
FACTOR 03 装饰器物	玻璃花器
FACTOR 04 装饰时间	5天至一周
FACTOR 05 装饰环境	酒店大厅
FACTOR 06 成本预算	花店价格约650RMB

work

72 秋日气息

从外表来看这个作品不仅设计性极强，同时运用了枝材的本身结构进行了构架支撑。作者用树枝作为构架，在中心部分插入花材来完成作品。

Flowers & Green
鸡冠花、木百合、
须苞石竹‘手鞠草’、蓝莓、
小米、海桐以及其他类枝条

作品中挺立的樱花给人留下深刻的印象。洋桔梗、玫瑰的组合运用使得粉色调更加和谐统一。因为樱花的位置比较高，所以装饰后还能欣赏到落英缤纷之美。

Flowers & Green

'启翁'樱、玫瑰、洋桔梗、朱蕉、山菅

work

73

雍容华贵的粉色

FACTOR 01 用途	礼物
FACTOR 02 赠送对象及场合	入学祝福
FACTOR 03 装饰器物	不详
FACTOR 04 装饰时间	5天至一周
FACTOR 05 装饰环境	私人住宅
FACTOR 06 成本预算	花店价格约650RMB

这是装饰在开学典礼讲台上的花束。作品不仅灵活运用了郁金香茎秆的曲线特征，还利用红瑞木创造了花束的空间感。而讲台上绽放的郁金香仿佛在为孩子们未来的每一天送去祝福。

FACTOR 01 用途	装饰
FACTOR 02 赠送对象及场合	无特定
FACTOR 03 装饰器物	壶
FACTOR 04 装饰时间	3天至5天
FACTOR 05 装饰环境	入学式讲台
FACTOR 06 成本预算	花店价格约650RMB

Flowers & Green
郁金香'杰奎琳''白八重'、红瑞木、朱蕉

work
74
春天的祝福

这束花是送给朋友作为店铺开业的贺礼。蓝莓的枝条从瓶中伸展开来。为给人夏日印象的紫色系花材添加统一感，其中细微的差别足见用心。

work

75

庆祝复活节

FACTOR 01 用途	礼物
FACTOR 02 赠送对象及场合	开店贺礼
FACTOR 03 装饰器物	蓝色玻璃花器
FACTOR 04 装饰时间	5天至一周
FACTOR 05 装饰环境	商店收银台
FACTOR 06 成本预算	花店价格约450RMB

Flowers & Green

大花葱‘夏鼓’、龙胆花、蓝莓、小米穗、补血草‘蓝色幻想’

work

76 拥抱初夏

初夏，以在自家庭院里盛开的花为主体制作的花束。清爽的珍珠菜和大星芹很好地撑起了整个花束的高度和分量感。蓟和黑种草的花色互为反差色，起到了收敛整个作品的作用。

Flowers & Green

蓟、泡盛草(落新妇)、大星芹、软羽衣草、利休草、珍珠菜(华东山柳)、黑种草等

FACTOR 01 用途	礼物
FACTOR 02 赠送对象及场合	送友人
FACTOR 03 装饰器物	不详
FACTOR 04 装饰时间	5天至一周
FACTOR 05 装饰环境	私人住宅
FACTOR 06 成本预算	花店价格约400RMB

work

77 复活节祝福

Flowers & Green

樱花、花毛茛（5种）、银叶金合欢、风信子、大花三色堇、黑种草、香豌豆、玫瑰、尤加利、大阿米芹、茶菜花

FACTOR 01 用途	礼物
FACTOR 02 赠送对象及场合	家庭派对
FACTOR 03 装饰器物	水盘
FACTOR 04 装饰时间	4天至一周
FACTOR 05 装饰环境	私人住宅桌子
FACTOR 06 成本预算	花店价格约1000RMB

为了复活节在家中举办派对而特意准备的花束。以圆形花束的方式来制作，使用金合欢和尤加利的枝条来体现横向的流动感，并且采用樱花向上延伸，整个作品看上去非常有生机和活力。花束使用了5种缎带做搭配，设计上显得更加豪华。

花束集　灵活运用花与叶的花束

Flowers & Green
银叶金合欢、莎草

Flowers & Green
贝利氏相思、
欧洲荚蒾、莎草

Flowers & Green

海神花‘皇后’、玫瑰、
地中海荚蒾‘雪球’、利休草、
喜林芋‘红女公爵’、朱蕉

Flowers & Green

玫瑰、蝴蝶兰、龟背竹、
鸟巢蕨、朱蕉、山菅

Flowers & Green
日本水仙、晒干结香

Flowers & Green
香豌豆、郁金香(3种)、
天蓝尖瓣木、夕雾草、
朱蕉、木贼

Flowers & Green
文心兰、马蹄莲、
木茼蒿、朱蕉等

Flowers & Green
大花葱'回旋蛇球'、
花毛茛(2种)、康乃馨、
瓜叶菊、香叶天竺葵、
舌苞假叶树、景天

Flowers & Green
马蹄莲、银芽柳、山菅

Flowers & Green
玫瑰(3种)、满天星、
须苞石竹、山菅

Flowers & Green
百日菊、香石竹花、
玫瑰'小萝卜'、
利休草、多花紫藤

Flowers & Green
非洲菊、荚蒾、
羽衣甘蓝、朱蕉、
皱皮木瓜、鹤望兰叶

Flowers & Green
郁金香‘火鹦鹉’、
山苍子、舌苞假叶树

Flowers & Green
菊花(8种)、金边富贵竹、
石化柳、垂柳、
八角金盘等

Flowers & Green
玫瑰、北美冬青、
圆叶柴胡、毛叶独雀花、
木百合、加莱克斯草

Flowers & Green
松、帝王花、非洲菊、
朱蕉、流木

Flowers & Green
银芽柳、白花虎眼万年青、
沙漠玫瑰、毛叶独雀花、
尤加利、朱蕉

Flowers & Green
玫瑰、庭草、红瑞木等

Flowers & Green
非洲菊（2种）、
大阿米芹、
天竺葵、红瑞木

Flowers & Green
海神花‘皇后’、
蓝刺头、龙胆花、
黄栌、文心兰、
朱蕉、红瑞木

Flowers & Green
蓝盆花、紫玉兰、
大西洋常春藤、绣球、
蓝花葱、兔尾草、
铁筷子、银叶菊

Flowers & Green
大丽花、菊花、洋桔梗、
台湾吊钟花

Flowers & Green
洋桔梗、花烛、兜兰、
向日葵、玫瑰、
海神花'皇后'、
天竺葵、利休草、
台湾吊钟花

Flowers & Green
郁金香(2种)、
银叶金合欢'相思树'、
百合、桃花、星点木、
荚蒾

Flowers & Green

绣球、山归来、
日本夜叉绿桤木、朱蕉、
少花蜡瓣花、木百合（2种）

Flowers & Green

玫瑰、须苞石竹、澳蜡花、
红叶金丝桃、红瑞木

Flowers & Green

针垫花、玫瑰、
观赏南瓜、刺芹、澳蜡花、
喜林芋‘红女公爵’、卫矛、
晒干结香、金丝桃、
相思树‘黑眼睛’

Flowers & Green

红石南叶佛塔花、
木百合（2种）、辣椒、
龙爪柳、朱蕉

特别素材花束的制作

在不能使用鲜花或者需要长时间展示的空间中，
经常会用到干花和仿真花。
这类花束的魅力还在于
可以运用一些鲜花没有的颜色和技法。

干花花束

受欢迎的干花，不仅因为其拥有纯正的颜色，还因为有一些被染成鲜花没有的绚丽色彩。这样制作花束时，可以选择的范围大大得到扩展。

FACTOR 01 用途	礼物
FACTOR 02 赠送对象及场合	送友人
FACTOR 03 装饰器物	不明
FACTOR 04 装饰时间	一个月以上
FACTOR 05 装饰环境	私人住宅
FACTOR 06 成本预算	花店价格约400RMB

work

78

享受优雅自然的色彩和形状

Flowers & Green

洋蓟、海神花、蜡菊、澳洲米花、黑种草、松虫草、海星草、刺芹、木百合、起绒草、海神花（叶）（皆为干花）

以干燥后形态和颜色都比较相似的海神花和洋蓟作为主花材制作而成的花束。在褪色的红色中加入蜡菊的橘色与白色，让花束整体变得明亮起来。

以洋蓟和海神花为中心制作成螺旋型花束，在周围高低错落地插上蜡菊、黑种草、松虫草、澳洲米花、松虫草等小型的花材。

在花束渐渐成型后，将展现高度感的起绒草、刺芹、黑种草等插到①中。花束造型弄好后在周围配上海神花的叶子。

用拉菲草等绑好后，取白色丝带捆绑即制作完成。

work

79

丰富的秋日森林

FACTOR 01 用途	礼物
FACTOR 02 赠送对象及场合	结婚庆祝
FACTOR 03 装饰器物	不明
FACTOR 04 装饰时间	一个月以上
FACTOR 05 装饰环境	私人住宅
FACTOR 06 成本预算	花店价格约650RMB

这里利用了微红色系和染红的干花，使得颜色非常有统一感。用花束表现出了红叶季节里明亮而温暖的秋系氛围。无论是作为给朋友的贺礼，还是作为室内装饰都非常合适。

Flowers & Green

绣球、白三米、山归来、澳洲米花、
台湾吊钟花、海星草、尤加利（皆为干花）

work

80

夏日蓝

FACTOR 01 用途	礼物
FACTOR 02 赠送对象及场合	生日礼物
FACTOR 03 装饰器物	不明
FACTOR 04 装饰时间	一个月以上
FACTOR 05 装饰环境	私人住宅
FACTOR 06 成本预算	花店价格约300RMB

花束是给七月出生的岳母的生日礼物，以蓝色系为中心而制作的夏日印象花束。将飞燕草、小米穗、星辰花不同层次的蓝色相结合更加深了韵味。

Flowers & Green

宽叶补血草（水晶草）、飞燕草、星辰花（共2种），
玫瑰（皆为干花）

作品是用干花做成的大型花束，用于装饰在办公室的门廊处。花束以洒脱的橙色和黄色为中心，放在入口恰到好处，其中玫瑰花使用的是色彩亮丽的永生花。

Flowers & Green

星辰花、万寿菊、蜡菊、康乃馨、尤加利、棉花、麦、红瑞木、石头花、朱蕉（皆为干花）、玫瑰（2种）

work

81

以沉稳的姿态华丽相迎

FACTOR 01 用途	装饰
FACTOR 02 赠送对象及场合	无特定
FACTOR 03 装饰器物	大型的玻璃花器
FACTOR 04 装饰时间	一个月以上
FACTOR 05 装饰环境	办公室入口
FACTOR 06 成本预算	花店价格约500RMB

干花根据干燥处理的时间和方法的不同，颜色也有所不同。这个作品选用了焦糖色花材来制作花束，从而表现出了植物的深度和柔和。

work

82

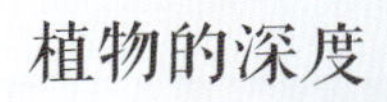

植物的深度

Flowers & Green

圆锥绣球花‘minazoki’，
穗花婆婆纳‘红狐’、黑种草、
木百合（2种）、
海星草等（皆为干花）

FACTOR 01 用途	自家用
FACTOR 02 赠送对象及场合	无特定
FACTOR 03 装饰器物	不详
FACTOR 04 装饰时间	一个月以上
FACTOR 05 装饰环境	私人住宅
FACTOR 06 成本预算	花店价格约300RMB

用长出小穗的芒草表示松软的云朵，其中若隐若现的小花比喻的是投影到云朵上的自己的心情。松松软软的芒草能够给人留下深刻的印象。晚秋时节将其装饰在自己的房间中，心也会被治愈。

work

83
送给自己的治愈系花束

FACTOR	项目	内容
FACTOR 01	用途	自家用
FACTOR 02	赠送对象及场合	无特定
FACTOR 03	装饰器物	不详
FACTOR 04	装饰时间	一个月以上
FACTOR 05	装饰环境	私人住宅
FACTOR 06	成本预算	花店价格约300RMB

Flowers & Green

黑种草、玫瑰、星辰花、香芹、芒、玫瑰‘雪松’（皆为干花）

FACTOR 01 用途	礼物
FACTOR 02 赠送对象及场合	给女儿
FACTOR 03 装饰器物	不详
FACTOR 04 装饰时间	一个月以上
FACTOR 05 装饰环境	私人住宅
FACTOR 06 成本预算	花店价格约650RMB

work

84 能够在社交平台上分享的可爱花束

Flowers & Green

大丽花（2种）、堇菜花、紫罗兰、星辰花‘隐青’、万寿菊、短舌匹菊、朱蕉、绵毛水苏（皆为干花）

这是一位妈妈为喜欢雅致装饰的女儿而专门定制的礼物。将可爱的堇菜花等草花完美搭配，颜色很靓丽，期待它能够在社交平台大放异彩。

FACTOR 01 用途	礼物
FACTOR 02 赠送对象及场合	给友人
FACTOR 03 装饰器物	不详
FACTOR 04 装饰时间	一个月以上
FACTOR 05 装饰环境	私人住宅
FACTOR 06 成本预算	花店价格约500RMB

work

85

可以壁挂的花束

送给晋升同事的礼物，也可以用作墙壁挂花。因为她对室内装饰比较讲究，为了花束能长时间被欣赏，所以采用了干花花材。花束沉稳的颜色搭配打造出让人安心的氛围。

Flowers & Green

满天星、玫瑰、星辰花、雏菊、铁筷子、千日红、秘鲁胡椒、山归来、朱蕉、裸麦（皆为干花）

FACTOR 01 用途	礼物
FACTOR 02 赠送对象及场合	手作礼物
FACTOR 03 装饰器物	不详
FACTOR 04 装饰时间	一个月以上
FACTOR 05 装饰环境	私人住宅
FACTOR 06 成本预算	花店价格约300RMB

Flowers & Green

满天星、玫瑰、雏菊、铁筷子、千日红、秘鲁胡椒、山归来、朱蕉、裸麦（皆为干花）

work

86

被温柔的黄色治愈

沉稳的颜色中那抹黄色的雏菊不禁让人眼前一亮，这种小花也常用于化妆品与精油中。这是一束令人舒畅的干花花束，宛如让黑白世界突然间变得明亮。棕色和银色的混搭中加入雏菊的效果色，让整个作品形成了一种绝妙的平衡。

仿真花花束

在鲜花难以装饰的地方，使用仿真花是最为合适的。近年生产的仿真花的质量有所提高，一些鲜花所不能表现的表情和颜色都可以通过仿真花来表达。这也正是它的魅力所在。

work 87 诱人的草莓

Flowers & Green
草莓、薄荷、链束植物、四叶草（皆为仿真花）

FACTOR 01 用途	探病
FACTOR 02 赠送对象及场合	给孩子
FACTOR 03 装饰器物	不详
FACTOR 04 装饰时间	一个月以上
FACTOR 05 装饰环境	私人住宅
FACTOR 06 成本预算	花店价格约300RMB

探望入院的孩子的花束。这个作品会让人想起初春父母和孩子们一起采摘草莓的乐趣，希望能让孩子变得精神起来。因为是仿真材料，所以选用了草莓、白色的花和四叶草等，这也是很难用鲜花表达出来的素材组合。

FACTOR 01	用途	探病
FACTOR 02	赠送对象及场合	给孩子
FACTOR 03	装饰器物	不详
FACTOR 04	装饰时间	一个月以上
FACTOR 05	装饰环境	私人住宅
FACTOR 06	成本预算	花店价格约300RMB

work

88

Himmeli花束

融入了芬兰传统服饰“Himmeli”元素的花束。“Himmeli”是以麦管打造结构，然后再贴上玫瑰的叶子制作而成的一种服饰。从Himmeli中观窥中心花束所充满的独特趣味。

Flowers & Green

玫瑰叶子、菊、绣球、尤加利、黄杨木（皆为仿真花）

虽然很保守地控制着花材的协调性，但实际上是一束送给有个性的人的花束。花束是由深蓝色到暗绿色的渐变组合，将鲜花无法呈现的颜色完美结合在了一起。

work

89

现代渐变摩登风格

FACTOR 01 用途	礼物
FACTOR 02 赠送对象及场合	生日礼物
FACTOR 03 装饰器物	不详
FACTOR 04 装饰时间	一个月以上
FACTOR 05 装饰环境	私人住宅
FACTOR 06 成本预算	花店价格约450RMB

Flowers & Green

玫瑰（3种）、牡丹、日本紫珠、常春藤、玉簪等（皆为仿真花）

这是一束新娘捧花，从叶隙中投射进来早春柔和的阳光中，新娘拿着它走过教堂的过道。纯白婚纱映衬下的三色堇显得格外显眼。这束花仿佛让人看到了清秀可爱的新娘身上的果敢、坚强与可爱。

FACTOR 01 用途	婚礼
FACTOR 02 赠送对象及场合	无特定
FACTOR 03 装饰器物	篮子
FACTOR 04 装饰时间	一个月以上
FACTOR 05 装饰环境	结婚仪式的场所里
FACTOR 06 成本预算	花店价格约1000RMB

Flowers & Green
三色堇（3种）等
（皆为仿真花）

work
90

work

91

发挥绚丽色彩的优点

FACTOR 01 用途	礼物
FACTOR 02 赠送对象及场合	生日礼物
FACTOR 03 装饰器物	篮子
FACTOR 04 装饰时间	一个月以上
FACTOR 05 装饰环境	私人住宅
FACTOR 06 成本预算	花店价格约650RMB

用鲜艳的红色与黄色大丽花制作的高低错落的花束，并在花束间交叉插入两组浆果。大丽花等鲜花因季节影响无法长时间保存，而仿真花则能长时间供人欣赏且保持靓丽。

Flowers & Green
大丽花（2种）、
玫瑰（3种）等（皆为仿真花）

永生花花束

永生花一直备受人们喜爱。近期，茎秆比较长的类型也开始商品化，在花束中也可以使用了。

FACTOR 01 用途	礼物
FACTOR 02 赠送对象及场合	圣诞派对
FACTOR 03 装饰器物	不详
FACTOR 04 装饰时间	5天到一周
FACTOR 05 装饰环境	私人住宅
FACTOR 06 成本预算	花店价格约400RMB

work 92

圣诞节的团聚

这是送给妹妹家人的圣诞礼物花束。以蓝水柏的枝条表现寒冬，这里使用了银色和绿色2种颜色。作品中富丽堂皇的玫瑰组合也很有风格，装饰在起居室的话，会使得圣诞节气氛空前高涨。

Flowers & Green
玫瑰（2种）、康乃馨、紫阳花、松柏'蓝雪'、蓝冰柏（皆为永生花）

作品使用了星型花束支架。七月出生的女儿生日当天，向星星许愿，祝愿她能幸福。花束支架清爽的绿色和花束的颜色相搭配，浪漫十足。

FACTOR 01	用途	礼物
FACTOR 02	赠送对象及场合	生日礼物
FACTOR 03	装饰器物	不详
FACTOR 04	装饰时间	两个月以上
FACTOR 05	装饰环境	私人住宅
FACTOR 06	成本预算	花店价格约500RMB

work 93 星愿

Flowers & Green

玫瑰（2种）、非洲菊、

（皆为永生花）

花束设计集　使用特别素材的花束

Flowers & Green
大丽花、珍珠菜、
利休草等（皆为仿真花）

Flowers & Green
尤加利、玫瑰、
绣球等（皆为干花）

Flowers & Green
马蹄莲、大丽花、蓝星花、
利休草（皆为仿真花）

Flowers & Green
郁金香、玫瑰、
山归来等（皆为仿真花）

Flowers & Green

海神花'皇后'、秘鲁胡椒、
玫瑰、金叶薹草、石化柳(皆为干花)

Flowers & Green

非洲菊、郁金香(2种)、绣球、
刺[illegible]草等(皆为仿真花)

Flowers & Green
海神花'皇后'、玫瑰、花毛茛、
花烛、尤加利、
链束植物(皆为仿真花)、拉菲草

Flowers & Green
郁金香(2种)、花韭、
秋海棠等(皆为仿真花)

Flowers & Green
芍药、玫瑰、蓝刺头、尤加利、
地中海荚蒾等（皆为仿真花）

Flowers & Green
大丽花（4种）、马蹄莲（2种）、
苋、爱之蔓等（皆为仿真花）

Flowers & Green
玫瑰(2种)、蓝莓、
地中海荚蒾等(皆为仿真花)

Flowers & Green
大丽花、玫瑰、铁筷子、
垂蔓竹叶(拟天冬草)、
阳光百合、欧丁香等(皆为仿真花)

Flowers & Green

玫瑰(3种)、大西洋常春藤、
常春藤等(皆为仿真花)

Flowers & Green

玫瑰(2种)、龟背竹、
尤加利等(皆为仿真花)

Flowers & Green
玫瑰（3种）、樱花、
链束植物等（皆为仿真花）

Flowers & Green
玫瑰、郁金香、绣球、
洋蓟、木百合、金丝桃、
糖藤（sugarvine）等
（皆为仿真花）

Flowers & Green
银荆、蓝星花、花毛茛、玫瑰、
鸟巢蕨、空气凤梨、
金丝桃（皆为仿真花）

Flowers & Green
大丽花（2种）（皆为仿真花）

Flowers & Green
郁金香、马蹄莲、花烛、
针垫花、花毛茛、黑法师、
鸟巢蕨叶、红千层等
（皆为仿真花）

Flowers & Green
大丽花、花烛、利休草、
文心兰、姜荷花等
（皆为仿真花）

Flowers & Green
玫瑰、马蹄莲、尤加利
（皆为仿真花）

Flowers & Green
马蹄莲、花烛、刺芹、银叶菊、
一叶兰等（皆为仿真花）

Flowers & Green
玫瑰、龟背竹等
（皆为仿真花）

Flowers & Green
非洲菊（仿真花）

Chapter 6

创新技法与创意

本章带来高级插花技法与新灵感。
从花束的装饰方法、素材的选择及搭配，
到插制技巧，一一呈现。

灵光一闪的花束

技巧、花材、搭配、展示方法等独具一格、

自由想象而创造出的花束。

work

94

花和时令水果的组合花束

Flowers & Green

芍药、玫瑰、绵毛水苏、银叶菊、悬钩子、利休草、天竺葵、多肉植物(2种)、琵琶、李子、葡萄'特拉华'

FACTOR 01 用途	礼物
FACTOR 02 赠送对象及场合	花园派对
FACTOR 03 装饰器物	金属制花器
FACTOR 04 装饰时间	1天至3天间
FACTOR 05 装饰环境	屋外
FACTOR 06 成本预算	花店价格约1000RMB

初夏赠送给开花园派对的朋友的花束。以芍药为主，加上枇杷、葡萄、李子等应季水果组合而成。不仅外观可爱，还能享受到花和水果的清甜。

①

将多肉植物或葡萄切成适宜大小，然后串起来，用绿色的花卉胶带卷起来。枇杷和李子直接插到钢丝中然后用胶布缠起来。

②

以芍药和玫瑰为中心围绕的手法编成花束。将枇杷、李子等穿插在玫瑰或芍药中间。

③

将多肉放置在其他绿色植物的旁边，多余部分则和葡萄一起放到花束的外侧。将这两种花材的位置设置得稍微高出其他花材，花束的表情也变得丰富起来。将手握着的部分用拉菲草等扎起来后即完成制作。

Flowers & Green

欧洲荚蒾、飞燕草、洋桔梗、
尤加利、蓝星花、
蜡花‘杰拉尔顿’、舌苞假叶树

work

95

两束花，两份快乐

Flowers & Green

鸢尾、嘉兰、舌苞假叶树

FACTOR 01 用途	装饰
FACTOR 02 赠送对象及场合	无特定
FACTOR 03 装饰器物	陶器
FACTOR 04 装饰时间	5天至一周
FACTOR 05 装饰环境	商店
FACTOR 06 成本预算	花店价格约450RMB

为了花束变得更具观赏性，我们使用了舌苞假叶树这种造型丰富的花材。

左页上方的作品中，前后两个花器分别插入了作为花束和作为造型陪衬的舌苞假叶树。而下面的嘉兰花束没有将它插到花器中，而是作为背景摆放。这样的设计制作简单，表现幅度广，更易于展示。

①将10支舌苞假叶树的较大叶片全部去除保留。将顶端部分的枝条剪下备用，注意顶端部分的小叶需要保留。

②将①中备好的舌苞假叶树制作成如图所示的造型。根据花器大小、舌苞假叶树长度和个人喜好来修剪叶差，并且要处理好舌苞假叶树弯曲的程度并调整作品的幅面，形成造型构架。

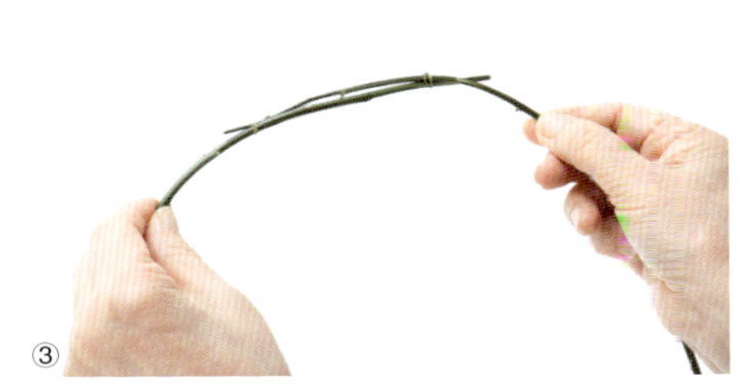

③注意需要将舌苞假叶树之间进行接续时，像图片上那样将茎的尖端稍微重合，用钢丝将两个部分扭紧。

④将制作完成的造型构架插入花器中，然后将①中剪下的带有小叶片的舌苞假叶树枝倒挂起来。将之前保留的单张叶片用黏合剂等粘在枝条上。在造型框架前面放上已插好花束的花器即制作完成。

COLUMN

将造型构架与花束搭配

树枝的有趣用法

制作迷你花束等伴手花束的花店开始多了起来，每天在自己家装饰小花束的人也应该有很多吧。令人头疼的是，如果在宽敞的客厅、玄关入口装饰迷你花束的话会显得与空间不协调。其实在花枝后放置造型构架就能在视觉上扩大花束的空间感，以和身处的大空间相配。而利用枝条作背景构架是便捷的方式。下面的三张图展示的是在同一个造型构架前装饰不同的花器和花束的样子。这里和上一页的假叶树造型同样，不同的设计让花束的欣赏方式和装饰方式变得更加丰富了。

Flowers & Green

[上左]非洲菊(2种)、金丝桃(2种)、异叶海桐、尤加利、荠菜花、云龙桑

[上右]玫瑰、洋桔梗、贝利氏相思、大阿米芹、金丝桃、荠菜花、尤加利、香味天竺葵、云龙桑

[下左]银莲花、迷迭香、山鸡椒、金丝桃、香味天竺葵、云龙桑

漂浮的宇宙

以白色花朵制作以“宇宙”为主题的花束。以自由旋转线条感的大花葱和金叶薹草，搭配中心的满天星，表现了空旷的世界。是送给以宇宙旅行为梦想的人最为合适的个性花束。

work

96

Flowers & Green

香豌豆、大花葱‘回旋蛇球’、满天星、金叶薹草、一叶兰

FACTOR 01 用途	礼物
FACTOR 02 赠送对象及场合	送友人
FACTOR 03 装饰器物	不明
FACTOR 04 装饰时间	5天至一周
FACTOR 05 装饰环境	私人住宅
FACTOR 06 成本预算	花店价格约500RMB

work

97 相同形状的重叠

这个花束使用的花材都是大小各异的球形。造型特立独行，不仅突出了花的高度，并且收敛了颜色搭配，所以成品很时尚。我们将这种通过重复同样形状的设计来强调形式感的行为称为“Repetition（重叠）”的设计手法。

Flowers & Green

大花葱‘夏日茶会’、蓝刺头、山归来、蓝莓、新西兰麻

大花葱要显露出高度，使作品清晰同时展示茎部的颜色

以山归来的茎秆强调动态

新西兰麻卷成圈，给人球形的感觉

Flowers & Green

大花葱‘夏日茶会’、蓝刺头、山归来、蓝莓、新西兰麻

FACTOR 01 用途	装饰
FACTOR 02 赠送对象及场合	无特定
FACTOR 03 装饰器物	玻璃杯型花器
FACTOR 04 装饰时间	5天至一周
FACTOR 05 装饰环境	吧台长柜
FACTOR 06 成本预算	花店价格约300RMB

work

98 成熟风的黄色系花束

作为庆祝女儿生日所订购的花束。为了让坦率温柔的她成长为更加出色的女性，花束营造出一种爽朗、成熟的气氛。作品的亮点是在环绕花束的一叶兰上，用山菅的编织物与其相合。

将2支山菅弄得弯曲，营造出如流线般的线条

与山菅的颜色和线条一致

将马蹄莲剪短，比起玫瑰来更需要突出马蹄莲的洁白

将其插得飘逸一点

将黄色的SP（一枝多花）玫瑰作为主角插入最中央

将用山菅编制而成的东西贴在一叶兰上

Flowers & Green

桔梗、玫瑰、马蹄莲、利休草、文心兰、金丝桃、朱蕉、一叶兰

FACTOR 01 用途	礼物
FACTOR 02 赠送对象及场合	生日
FACTOR 03 装饰器物	不详
FACTOR 04 装饰时间	5天至一周
FACTOR 05 装饰环境	私人住宅
FACTOR 06 成本预算	花店价格约400RMB

work

99

绿色盒子里的广阔世界

这是一件自带礼物盒的作品，是给小朋友的生日礼物。往里窥探你可以看到一群小动物。用一叶兰制作而成的盒子上仔细地装饰着刺绣、串珠、亮片，这是一件成年人都会喜欢的可爱作品。

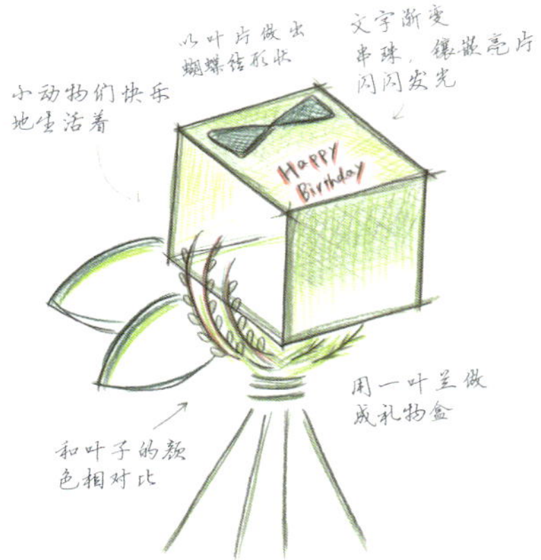

Flowers & Green

龟背竹、尤加利、绵毛水苏、金冠柏、一叶兰（皆为仿真花）

FACTOR 01 用途	礼物
FACTOR 02 赠送对象及场合	生日
FACTOR 03 装饰器物	不详
FACTOR 04 装饰时间	一年以上
FACTOR 05 装饰环境	私人住宅
FACTOR 06 成本预算	花店价格约1000RMB

花苗花束

使用观叶植物和草花苗制作的“花苗花束”。组合技法和螺旋花束相同，不过最后用水蔓和铁丝来固定。

FACTOR 01 用途	自家用
FACTOR 02 赠送对象及场合	无特定
FACTOR 03 装饰器物	玻璃花器
FACTOR 04 装饰时间	10日以上
FACTOR 05 装饰环境	私人住宅
FACTOR 06 成本预算	花店价格约500RMB

Flowers & Green
石刁柏、绿萝、龟背竹、石斛兰、链束植物、朱蕉

work
100

花苗花束集

新思路花苗花束的各式设计

Flowers & Green
玫瑰、花叶芋、多花素馨、白鹤芋、野芝麻

Flowers & Green
绿萝、石斛兰等

Flowers & Green
拟石莲花、链束植物、石刁柏等

Flowers & Green
越橘叶蔓榕、暗紫珍珠菜、蓝莓、绣球、黑法师、红花矾根、马蹄金、银桦等

Flowers & Green
白鹤芋、万寿竹‘月光’、亚洲络石、
花烛、绿萝、鳞叶菊

Flowers & Green

长寿花‘巴黎’、常春藤‘雪萤’、
香龙血树‘柠檬味’、繁星花、
雪花草(通奶草)、
绿萝‘青柠’‘大理石’、
链束植物、拟天冬草

花束设计集　个性闪耀的花束

Flowers & Green
菊花（2种）、鸡冠花、
龙胆花、金丝桃、寒丁子、
稻穗、带苔藓的枝条等

Flowers & Green
郁金香（仿真花）

Flowers & Green
玫瑰(3种)

Flowers & Green
玫瑰、短舌匹菊、
香豌豆、花毛茛、
兔尾草、常春藤等

Flowers & Green
满天星、山归来、
常春藤、新西兰麻

Flowers & Green
玫瑰、洋桔梗、
须苞石竹'手鞠草'、
麦冬、龟背竹、拟天冬草

Flowers & Green
拟石莲花、翡翠珠、
麦冬等

Flowers & Green
竹炭、木炭、刨花、
大麦、棕榈绳

Flowers & Green
朱蕉‘卡布基诺’、黑莓、地榆

Flowers & Green
玫瑰‘茱莉亚’、佛塔花、绣球、非洲菊、马蹄莲、蓝盆花等

制作者一览

	作者	页码
A	阿久津节子	140
	奥田八重子	58
B	白川里絵	170
	白石由美子	28、36、82、177、178、189、205
	本田浩隆	159、214
C	茶谷美佳	109
	仓重雪月	191
	池田美智惠	124
	出崎彻	80、98、164
	川名胜子	192
	川西百合子	108
	村冈久美子	217
	村上富代子	198
	村上千惠美	165
	村田由美	95
D	大仓明姬	65
	大桥淳子	186
	大森继承	214
	大森绿	194
	大沼季	73
	德弘纇	165
	钓谷珠美	94
	渡边吉镕	202、204
	渡部典子	198
E	二见育子	79、210
F	福地典子	54

日式花束

图解构思与制作

译者介绍

杨晓诗——插花老师、日语老师、自由翻译。自幼喜爱文学与艺术。在日留学多年，熟悉日本文化。

图书在版编目（CIP）数据

日式花束：图解构思与制作：引进版 / 日本FLORIST编辑部编；杨晓诗译. —北京：中国林业出版社, 2019.10

ISBN 978-7-5219-0316-4

Ⅰ. ①日… Ⅱ. ①日… ②杨… Ⅲ. ①花卉装饰—装饰美术 Ⅳ. ①J535.12

中国版本图书馆CIP数据核字(2019)第236492号

责任编辑： 印 芳 袁 理
出版发行： 中国林业出版社
（100009 北京市西城区刘海胡同7号）
电 话： 010-83143568
印 刷： 北京雅昌艺术印刷有限公司
版 次： 2019年11月第1版
印 次： 2019年11月第1次印刷
开 本： 710mm × 1000mm 1/16
印 张： 14
字 数： 300千字
定 价： 88.00元